室内环境设计研究

吴琛群　郭林林 ◎ 著

吉林出版集团股份有限公司

图书在版编目（CIP）数据

室内环境设计研究 / 吴琛群，郭林林著. — 长春：
吉林出版集团股份有限公司，2022.9
ISBN 978-7-5731-2162-2

Ⅰ. ①室… Ⅱ. ①吴… ②郭… Ⅲ. ①室内装饰设计
—研究 Ⅳ. ①TU238.2

中国版本图书馆 CIP 数据核字 (2022) 第 174516 号

室内环境设计研究

著　　者	吴琛群　郭林林	
责任编辑	滕　林	
封面设计	林　吉	
开　　本	787mm×1092mm　　1/16	
字　　数	200 千	
印　　张	8.5	
版　　次	2022 年 9 月第 1 版	
印　　次	2022 年 9 月第 1 次印刷	
出版发行	吉林出版集团股份有限公司	
电　　话	总编办：010-63109269	
	发行部：010-63109269	
印　　刷	廊坊市广阳区九洲印刷厂	

ISBN 978-7-5731-2162-2　　　　　　　　　　　　定价：68.00 元

前　言

　　随着中国经济的高速发展和人们生活水平的日益提高，室内环境设计的概念已不仅仅是满足于一般的功能需求和装饰设计，它已成为连接精神文明与物质文明的桥梁；人们寄希望于通过室内设计来改造建筑内部空间，改善内部环境，提高人类生存的生活质量。

　　因为人们生活和工作的大部分时间是在建筑内部空间度过的，所以室内环境设计与人们的日常生活关系最为密切，在整个社会生活中扮演着十分重要的角色，同时室内环境设计水平也直接反映出一个国家的经济发达程度和人民的审美标准。当前人类迫切希望通过室内生态设计来改造建筑内部空间环境，提高人类生存的生活质量和幸福指数。所以，环境艺术专业的室内设计课程，也应紧跟时代发展和社会需求。

　　本书重点研究了室内环境设计的相关内容，首先概述了室内环境设计的基本内容，然后分析了室内环境中的人体工程学设计、室内各个房间的设计要求，之后探讨了室内空间采光设计、室内空间色彩搭配与运用，最后对室内软装的陈设设计以及室内材料进行总结和分析。

　　由于编写时间仓促，加之水平所限，不当之处在所难免，诚望专家读者批评指正。本书在编写过程中借鉴了当前部分专家学者的理论成果，在此向所有的原作者，表示诚挚的谢意。

目　录

第一章 室内环境设计概论

第一节 室内环境设计的基本美学特征

一、室内环境设计的基本定义

室内环境设计是一门综合的设计学科，它涉及的学科范围极广，它与建筑学、人体工程学、环境心理学、设计美学、史学、民俗学等学科关系极为密切，尤其与建筑学的关系更是密不可分；在某种意义上说，建筑是整个室内环境设计的承载体，室内空间环境设计活动的发生都离不开建筑物。室内环境设计是在建筑设计完成原形空间的基础上，进行的设计再创造。目的是把这种原形内部空间，通过功能性与审美需求的设计创造，获得更高质量的人性化空间。

二、室内环境设计是文化艺术与科学技术的统一体

室内环境艺术设计从设计构思、结构工艺、构造材料到设备设施，都是与时代的社会物质生产水平、社会文化和精神生活状况相关联的。另外，就艺术设计风格而言，室内环境艺术设计也与当时的哲学思想、美学观点、经济发展等直接相关。从微观的、个别的作品来看，设计水平的高低、施工工艺的优劣不仅与设计师的专业素质和文化修养等有关系，而且与具体的施工技术、管理、材料质量和设施配置等情况，以及各个方面（包括业主、建设者、决策者等）的协调关系密切相关。一个人的一生绝大部分生活在室内空间中，在这个与人朝夕相处的环境中，人的生理和心理都会通过室内环境的各种界面设计、空间规划、色彩设计、光影设计、装饰材料运用、家具陈设设计等具体的设计内容来获得审美与实用的满足。在整个室内环境的设计活动中，每一步都离不开科学技术的支持，比如：光的照度舒适与否，材质的环保性能和指数、人体工学的科学测算数据等，一套优秀的设计方案最终是靠各种科学的施工程序来展示出来的，所以说室内环境设计不是纯欣赏的艺术，是服务于人类的实用设计艺术，是文化艺术与科学技术的统一体。

三、室内环境设计是理性的创造和设计审美的表现

室内环境设计是理性的创造和装饰审美设计的表现过程。室内环境设计是一项设计过程严谨、设计程序科学、设计内容涵盖面较大的一项设计活动。在设计的过程中，设计师不能只根据自己的审美情节和艺术形式与风格的喜好来设计创作，要冷静理性地根据特定室内环境和不同的功能要求来进行科学的设计定位，时刻站在空间环境使用者的角度来把握设计的内容与审美形式。

室内环境设计方案的形成是将所有设计的内、外因素经过设计师的理性分析与整合，然后再通过人性化的设计理念、装饰形式语言的提炼、装饰材料的选择，把很多程式化的空间设计形态和观念根据建筑室内空间具体的功能要求进行调整、裁剪、重组，然后形成一套完整的、功能与形式相统一的设计方案，最终通过施工完成室内环境完美的表现境象。

四、室内环境设计是功能与审美的统一体

室内环境设计的发展也是审美历程的发展，从一开始的以满足居住为主要功能的内部环境设计，发展到今天人们要求设计一个对人的生理和心理都能带来审美愉悦的室内空间环境，其中的审美主体和客体发生的变化，体现着社会的不断进步和人们对设计人性化的需求。所以，新世纪的室内环境设计要求设计师把握住功能与审美这两大主题。

室内环境设计中最重要的设计概念是要把握住设计方案的实用功能要求，形式追随功能永远是设计的基本原则，但是随着人们生活质量的日益提高，在当今社会生活中不同空间的人们对室内空间环境的各个方面；如空间的划分、色彩的运用、材质的环保与生态、灯光的舒适等都提高了审美的高度，以此要求设计师给使用空间的人们带来生理和心理的审美愉悦。所以说，现代室内环境设计不只是给人们设计一个居住和消费的机器空间，更重要的是设计一个实用与审美高度统一的室内空间，环境艺术设计师应该是建筑空间创造美感的使者，这一点正是室内设计区别于其他设计专业的美学特点。

五、室内环境设计的中心原则是"以人为本"

室内设计师应树立以"人"为中心的设计原则，要充分满足室内环境的使用者（审美主体）的审美要求。研究审美主体的意志、性格、趣味、审美心理等因素，这应是室内环境设计的中心原则，也是室内环境设计的基本美学特征之一。

室内环境设计的目的是创造高品质的生活与工作空间、高品位的精神空间和高效能的功能空间。作为空间的使用者——人便显得尤为重要，人的活动决定了空间的使用功能，空间的品质体现了人的需求和层次。

"以人为本"实际上就是提倡人性化的设计，因为现代社会每天都会出现新的知识，新的材料，新的施工工艺，设计的用户也会不断提出新的要求。人类的精神关怀和审美要求也在不断地细腻化，所以人性化设计应该落实在具体的细节设计上，而不应该只停留在口号上。比如，室内空间环境使用的舒适程度、人体工程的把握、空间布局以及材料的运用，包括色彩、光线等安排，都应按照人的生理和心理要求来考虑。不同的空间也应根据不同的使用功能来设计，不能只看重形式是否美观，更重要的是要满足人的使用功能和亲和功能。

第二节 室内环境设计形式美原理

一、"对比与统一"的控制律

目前，在室内环境设计领域中，设计师常常感到一种困惑，就是当众多的设计元素和形式美法则摆在面前时，如何适度地运用各种法则来构成设计的整体美是一个重要的问题。万事皆有"度"，实现"整体美"关键在于掌握"变化与统一"的"控制律"，换言之，即"大统一、小变化"的设计原理。变化与统一是对立统一规律在艺术设计中的应用，是整个艺术门类创作的指导性原则。室内设计中，在运用各种设计形态语言进行设计时，到底变化元素的成分占得多，还是统一的元素成分占得多，两者的比例达到何种控制比率，才能达到室内空间的和谐美观，才能达到审美适度与"恰到好处"？这是室内环境设计要掌握的设计美学原理的核心问题。

二、室内环境设计的形式美表现

形式有两种属性：一种是内在内容，一种是事物的外显方式。室内环境设计中所运用的形式美法则就属于第二种属性的体现。

（一）适度美

室内设计中适度美有两个中心点：一是以审美主体的生理适度美感为研究中心，另一种是以审美主体的心理适度美感为研究中心。从人的生理方面来看，人类从远古时代缓慢地发展到文明时代，经验的积累使人们逐渐认识到人的直接需求便是度量的依据。室内环境中只有人的需要和具体活动范围及其方式得到满足，设计才有真正意义。正因如此，才出现了"人体工程学"，该学科经过测量确定人与物体空间适度的科学数据法则，来实现审美主体的生理适度美感。从人的心理方面来看，室内环境设计主要研究心理感受对美的适度体验，比如，室内天棚设计的天窗开设，让阳光从天窗中照射进来，使跨度很深的建筑透过小的空间得到自然阳光的沐浴，使人们在心理上不仅不感到自己被限制在封闭的空间里，潜在的心理反应也让人感到房间与室外的大自然同呼吸，心理上有了默契。这种微妙的心理感受，正是设计师所要格外认真研究的适度美感问题。适度美在室内环境设计形式美法则的运用中占据核心地位。

（二）均衡美

室内设计运用均衡形式表现在四个方面：形、色、力、量。设计师在室内设计中对均衡形式的不同层次的整合性挖掘是创造均衡美感的关键。

形的均衡反映在设计各元素构件的外观形态的对比处理上，如室内空间中家具陈设异形同量的均衡设计。色彩的均衡重点还表现在色彩设置的量感上，如室内环境色调大面积采用浅灰色，而在局部陈设上选用纯度较高的色彩，即达到了视觉心理上的均衡。力的均衡反映在室内装饰形式的重力性均衡上。如室内主体视感形象，其主倾向为竖向序列，一小部分倾向横向序列，那么整个视感形象立刻会让人感受到重力性均衡。量的均衡重点表现在视觉面积的大与小上。如内墙可看作面形，上面点缀一幅装饰小品可看作点形，这个点形在面形的衬托下成为审美者的视点，如果在同一内墙上再点缀上另外一个点形装饰物，这时两个点形由于人的视线不同会出现相互牵拉的视觉感受，暗示出一条神秘的隐线。这条隐线便是产生均衡美感的视觉元素。所以，设计师在室内环境设计中对均衡形式美的研究，将会使设计语言在室内各个界面组合表现中，呈现动态的设计审美效应。

（三）节奏与韵律美

室内设计中的节奏与韵律美是指美感体验中生理与心理的高级需求。节奏就是有规律的重复，节奏的基础就是有规则的排列，室内设计中的各种形态元素如门窗、楼梯、灯饰、柱体、天棚的图案分割等有规律的排列，即产生节奏美感。韵律的基础是节奏，是节奏形式的升华，是情调在节奏中的运用。韵侧重于变化，律侧重于统一，无变化不得其韵，无统一不得其律。节奏美通过室内设计语言形态的点、线、面发生有规律的重复变化，在形的渐变、构图的意匠序列、色彩的由暖至冷、由明至暗、由纯至灰及不同材质肌理的层次对比等方面具体体现出来。这种体现直接反馈到审美主体的心理和视觉感受中。如果说，节奏是单纯的、富于理性的话，那么，韵律则是丰富的、充满感情色彩的。

第三节　室内环境设计的表达特征

一、目的性和功用性表达

室内环境设计首要的问题是正确表达其空间的设计目的和其功用性。接受一个室内设计项目，首先要充分地了解该项目室内空间环境所承载的功用目的，家居空间是家人用来生活团聚的，商场的室内空间是满足不同阶层人们消费购物的，酒店是满足用餐、住宿的，写字楼是提供办公工作环境的等；这些室内环境都有明确的功用目的和使用要求，设计师只有在设计方案开始创意构思时，做好充分的调查研究，进行设计概念的宏观定位，才能为下一步的设计深化打下坚实的基础。

室内环境设计目的是使建筑内部空间的功能和目的性得以合理体现和利用，要满足人们对环境的使用要求既包括基本的需求，从物质的层面符合功能要求的需求，又包括对室内环境更高的审美要求，即从精神层面对心理要求、情感要求、个性要求的满足。为人们提供安全、舒适、美观的工作与生活环境是室内环境设计目的性和功用性的具体表达要求。一个设计方案的形成过程，也是设计师挖掘和表达室内特殊功能目的的心路历程。

二、室内环境设计语言的表达

设计师水平的高低只有通过设计语言的熟练表达，才能具体体现出设计的创意与构思。设计语言的具体内容就是利用各种点、线、面设计元素，通过形式美法则的具体运用，将造型、材质、色彩、光影、陈设、家具等表达在各个室内空间的虚实界面中。设计语言的表达就是在室内环境设计中把功能形式、结构形式和美学形式，从大脑中的意念变为集成体的设计符号，通过一系列意象关联的多义而高度清晰的抽象或具象符号，在设计图上完整地表达出来。

一个设计师除了能够在室内空间的各个界面中，熟练自如地打散与组合各种设计语言元素，来表现出自己的美妙构思，重要的是要在艺术设计素养上多下功夫，在各种艺术设计门类中吸取营养，艺术形式语言是相通的。室内环境设计语言表达得越精练到位，室内空间环境的设计美感就越被审美者所感知。

三、技术性表达

室内环境设计总是根植于特定的社会环境，体现出特定的社会经济文化状况。科学的发展在影响了人们的价值观和审美观的同时，也为室内环境设计的技术革新提供了重要的保障。室内环境设计总是要以新材料、新施工工艺、新结构构成以及创造高品质物理环境的设施与设备，创造出满足人们生理和物质要求的高品质生活环境，以适应人们新的价值观与审美观。

我国科技的迅速发展使室内环境设计的创作处于前所未有的新局面，新技术极大地丰富了室内环境设计的表现力和感染力，创造出了各种新的设计与施工的表达形式，尤其是新型建筑装饰材料和室内结构建造技术以及国外室内智能设计的新发明，都丰富了室内环境设计的形式与内容的表现力。所以说，作为环境艺术设计专业学生应该以前所未有的热情，学习和掌握建筑室内设计的新技术、新方法、新工艺，在设计方案中作出充分表达。

四、室内环境设计的人性化表达

人性化设计体现在以人的尺度为设计依据，协调人与室内的关系。彻底改变从前人适应环境的状况，使室内设计充分满足人们对室内环境实用、经济、舒适、美观的需求。

人性化的设计很多是体现在设计细节上的，室内空间使用的舒适程度、尺度的把握、空间布局以及材料的运用，包括色彩、光线等都应按照人的生理和心理来安排。不同的空间也应根据不同的使用功能来设计，现在有些设计师不管商业空间还是家庭住宅空间都注重设计样式，看重形式是否美观，却忽略了人性的需求这一本质问题，没有真正区分什么是设计，什么是艺术，设计并非艺术。实用、经济、美观是设计的三要素，它更重要的是满足人的使用功能，因此，设计师要牢牢树立以"人"为中心的设计理念，这个"人"字，不仅仅是设计师自己理念上审美情节的表现与宣泄，更重要的是指满足室内环境的使用者审美要求。认真研究室内空间使用者的意志、性格、趣味、审美心理等因素，这一点应该规范和约束室内设计创造的构思与完成。另外，设计师之所以表达不出人性化的设计，还与平时的实践有很大关系，如果没有亲身体验过卡拉 OK，就不会知道这个空间需要些什么东西，这些东西怎么放，放在哪儿对人更合适等。如果没有这些体会就只有把别人做完的式样搬过来用，哪里谈得上设计人性化的关怀与表达呢？

第四节　室内生态环境的相关设计理念

一、室内生态环境的系统整体性

室内生态设计研究是在环境艺术设计与生态美学相结合的背景下而进行的，室内生态环境设计是置于整个地球之上的以建筑为载体的生态系统之一。作为生态系统的一个子系统，它受到系统整体的制约，同时又对整个生态系统产生影响，它与生态系统中的其他子系统一起共同维系着整个生态系统的健康发展。室内环境生态系统整体涵盖以下三个层面：

（一）室内生态环境与建筑的整体关系

作为建筑重要组成部分的室内生态环境设计，二者是一种相辅相成的整体关系，建筑的结构形态决定着室内空间的设计造型形态，建筑本体空间与室内生态环境的整体统一关系，永远都是环境设计重点考虑的问题。

（二）室内生态环境与自然因素的整体关系

把自然因素引入室内不仅是为了生态的意义，更重要的是强调室内外互相融合的统一整体关系。自然因素包括自然资源如天然材料或以自然物质为原料的建材等。在室内环境设计中使用天然材料的"绿色饰材"与传统材料相比具有无污染、可再生、节能性等特征，也可以减少室内甲醛等有害物质，所以，室内生态环境设计离不开与自然因素的融合，是一个有机的室内生态环境整体系统。

（三）室内生态环境与室内各要素之间的整体统一关系

室内生态环境设计与人的关系最为主要，而人与生态环境的关系取决于人的两个方面的生态感受：一是生理生态感受，如家具陈设的人体工程学数据特征、室内空气品质、室内照明、防燥、温湿度等对人体的物理性影响；二是心理的生态设计，如色彩、肌理、节奏、韵律、形式等对人的心理产生的生态影响，生态设计离不开上述两个方面，人与各项物理指标和心理因素的整体协调，任何将室内环境与各种要素之间的割裂都是不可取的。

二、室内环境"绿色设计"和"绿色消费"

关注绿色设计，倡导绿色消费是当今室内环境设计中生态性的具体概念定位。

（一）"绿色设计"

绿色设计（Green Design）又称生态设计（Ecological Design）、面向环境的设计（Design for Environment）等，是指借助产品生命周期中与产品相关的各类信息（技术信息、环境协调性信息、经济信息），利用并行设计等各种先进的设计理论，使设计出的产品具有先进的技术性、良好的环境协调性以及合理的经济性的一种系统设计方法。

对室内设计而言，绿色设计的核心是"3R"，即 Reduce、Recycle 和 Reuse，不仅要尽量减少物质和能源的消耗、减少有害物质的排放，而且要使产品及零部件能够方便地分类回收并再生循环或重新利用。绿色设计不仅是一种技术层面的考量，更重要的是一种观念上的变革，要求设计师放弃那种过分强调产品在外观上标新立异的做法，而将重点放在真正意义上的创新上面，以一种更为负责的方法去创造产品的形态，用更简洁、长久的造型使产品尽可能地延长其使用寿命。

室内环境中的绿色设计包括三个方面：一是绿色环保设计，即设计时将环保、生态要求作为设计的基础；二是使用既不会损害人的身体健康，又不会导致环境污染和生态破坏的健康型、环保安全型的室内装饰材料；三是绿色施工，不随意破坏房屋框架结构、不浪费资源、施工过程中不污染环境，让室内设计更贴近自然，使室内能源利用和审美景观的创造，都能达到一个新的高度。

（二）"绿色消费"

绿色消费对于室内环境生态设计具有三个层面的意义：一是倡导消费者在消费时选择未被污染或有助于公众健康的绿色产品和绿色建材；二是在消费过程中注重对垃圾的处置，不造成环境污染；三是引导消费者转变消费观念，崇尚自然、追求健康，在追求生活舒适的同时，更要注重环保、节约资源和能源，实现可持续消费。

三、室内生态环境的文化观、价值观

中国道家"天人合一"的观念，强调人与自然的协调关系，强调人工环境与自然环境的渗透和协调共生，就是生态思想的很好体现。

假如说室内设计能够体现"天人合一"审美理想的话，那么，室内环境的"氛围"便是最恰当的传达方式。在设计中应贯穿生态思想，使室内环境设计有利于改善地区局部小气候，维持生态平衡。现代科技的发展，新材料、新技术、新工艺的应用，配以不同的设计风格，使人们对室内环境各种气氛的心理需求愿望开始变为现实。人类在追求具有较高文化价值和审美意境、层次的各种风格室内空间环境氛围的趋势下，工业文明带来的环境问题，导致了环境意识中对自然的青睐崇尚，与自然融合、沟通的天人合一审美理想的追求，表现在对室内环境氛围自然化的心理需求上面。这种审美理想，同时也是一种文化价值的追求与体现。设计光照充足、光影变化丰富的室内光环境，既拓宽了视觉空间，也构成了室内环境与外部自然环境的渗透交融；以自然色彩为基调的室内装饰环境，配以生态植物、动态流水、假山鱼鸟等自然景观，可让人通过视、听、触、嗅觉产生心理联想与审美情感，犹如置身于大自然之中，进入轻松超脱，天人合一的精神境界。在质、形的设计选择方面，选取木、石、竹、藤、棉、丝等天然或合成材料做室内界面、陈设用料，不仅在于它们的"绿色"特性，更在于其具有的自然肌理、色彩、质感、触感给人带来对于自然的丰富想象和审美需要；室内环境中各类装饰、陈设部件的结构形态，经艺术加工处理，制造具象或抽象自然效果，比之那些烦琐、机械呆板的造型更具人情味和亲切感。因此，光色形质与自然景观巧妙结合的自然化处理，是形成良好室内生态环境和自然意境氛围，满足当代人类天人合一审美思想的重要设计手段。

人的审美意识在社会活动中随着时代的进程而发展，新装饰材料的诞生、新技术的发展，改变着人们的审美取向，引领着设计思潮。把生态意识注入整体设计理念中，使环境设计生态化，探求环境、空间、艺术、生态的相互关系，研究新的设计思路、方法，是当今室内生态环境设计发展方向。

第五节　室内生态设计基本原理

一、室内设计与环境协调

尊重自然、适应自然是生态设计最基本的内涵，对环境的关注是生态室内设计存在的根基。与环境协调原则是一种环境共生意识的体现，室内环境的营建及运行与社会经济、自然生态、环境保护的统一发展，使室内环境融合到地域的生态平衡系统之中，使人与自然能够自由、健康地协调发展。回顾现代建筑的发展历程，在与室内环境的关系上，人们注意较多的仍是狭义概念上的与室内环境协调，往往把注意力集中在与室内环境的视觉协调上，如室内结构形态的体量、尺度之间的协调，而对于室内环境与自然之间广义概念上的协调，并没有足够的重视，在这些表面视觉上的和谐背后，却往往隐藏着与大自然不和谐的一面，如没有任何处理的污水随意排放，使清澈的河流臭气四溢，厨房的油烟肆虐，污染周围空气，娱乐场所近百分贝的噪声强劲震撼，搅得街坊四邻无法安睡等，所有这些都是与生态原则格格不入的。

二、室内环境体现"以人为本"

人的需求是多样化的，概括来说是生理和心理上的需求，对于建筑室内环境来说其要求也有功能上和精神上的需求，所以影响这些需求的因素是十分复杂的。因此，作为与人类关系最为密切，为人类每日起居、生活、工作提供最直接场所的室内环境直接关系到人民的生活质量和幸福指数。"以人为本"并不等于"以人为中心"，也不代表人的利益高于一切。根据生态学原理，地球上的一切都处于一个大的生态体系之中，它们彼此之间相互依存，相互制约，人与其他生物乃至地球上的一切都应该保持一种平衡的关系，人不能凌驾于自然之上。虽然追求舒适是人类的天性，但是实现这种舒适条件的过程却是要受到整个生态系统制约的。"以人为本"必须是适度的，是在尊重自然原则制约下的"以人为本"。生态室内环境设计中对使用者利益的考虑，必须服从于生态环境良性发展这一大前提，任何以牺牲大环境的安宁来达到小环境的舒适的目的都是不可取的。

三、室内设计应动态发展

可持续发展概念就是一种动态的思想，因此生态室内设计过程也是一个动态变化的过程，建筑始终持续地影响着周围环境和使用者的生活。这种动态思想体现在生态室内设计中，具体体现在室内设计要留有足够的发展余地，以适应使用者不断变化的需求，包容未来科技的应用与发展。毕竟室设计内的终极目的是更好地为人所用，科技的追求始终离不开人性，我们必须依靠科技手段来解决及改善室内环境，使我们的生活更加优越，同时又有利于自然环境的持续发展。

第六节　室内环境的设计思维

一、室内环境设计思维过程

室内环境设计是一项立体设计工程，掌握科学的设计思维方法是完成设计整体方案的重要保证。在一般学科的思维过程中，把思维方式常分为抽象思维与形象思维。而室内环境设计的思维即属于形象思维中最高层次的思维方式。室内环境设计的思维方法有其明确的特殊目的性，从有意识地选取独特的设计视角进行功能与形式表现的概念定位，到综合分析与评价设计方案中各环境要素；从对历史文脉与文化环境的思考与表达，到如何通过施工工艺完美体现出设计创意思想的一系列思维过程，一步一步地设计出具有美感意蕴的室内空间环境。

（一）对室内环境的综合分析与评价

一个设计师接到室内设计任务时，首先应该对该室内环境设计内容进行综合分析与评价。明确室内设计任务与具体要求，在展开创意定位之前要对室内设计要求的使用性质、功能特点、设计规模、等级标准、总造价等进行整体思考，同时要熟悉有关的设计规范和定额标准，收集分析必要的设计信息和资料，包括对现场的勘察以及对同类功能空间的参观等，这些内容都是完成设计方案过程中设计思维的组成部分。

（二）对室内环境形态要素的分析

室内设计是一门观念性较强的艺术，更是一种艺术形态要素的表现艺术，其设计思维程序要遵循整体—局部细节—整体的思路，把空间环境内每一种设计形态要素（造型、色彩、材料、构造、灯光、尺度、风格）有机协调起来，很多设计师往往只重视空间界面体的经营和装饰观念的表达，却忽视了同一空间下的许多设计元素的内在统一和呼应，而恰恰是这些设计要素的内在联系，才能创造出整体、和谐的内部空间。

（三）对历史文脉和人文环境的分析

设计师一定要把握住时代的脉搏和民族的个性。室内设计既要有时代感，又要兼有民族性和历史文脉的延续性，同时要对室内人文环境进行深入的研究与分析，以独特的眼光进行创意和设计，创造出具有鲜明个性和较高文化层次的室内环境。

人文环境所涉及的方面不仅是要满足人类对室内空间遮风挡雨、生活起居的物质需求，而且还要满足人类对心理、伦理、审美等方面的精神需求。因此室内设计的人文环境发展表现了一个时代文化艺术的风貌和水准，凝聚了一个时代的人类文明，它既是一种生产活动，又是一种文化艺术活动。所以说，在室内环境中对人文环境表现的到位与否也同时决定了设计结果的文化品位的差异性。

（四）整体艺术风格与格调的设计思维

艺术风格是由室内设计的审美"个性"决定的。"个性"的表现，意在突出设计表现形式的特殊性，风格并不单单是"中式风格"或"欧式风格"的简单认定，在优秀的设计师看来，风格是把设计者的主观理念及设计元素通过与众不同的形式表现出来，其色彩、造型、光影、空间形态都能给人们带来强烈的视觉震撼和心灵感动。

艺术格调是由室内设计的文化审美品位决定的。对"格调"表现的思考，应重点放在设计文化的表现上，仅仅满足一般功能的室内设计很难体现出设计的品味来。在设计中，有时墙面上一幅抽象装饰画与室内现代几何体形的陈设家具呼应协调，就会映照出高雅的审美情调。有时一面圆形的传统窗标与淡然陈放在墙立面的古色古香的翘头案，在月光的洒照下，好像能给人诉说着时光的故事，让人产生美妙遐想，这种审美的体会，就是设计师高品位的设计文化格调的体现。

（五）装饰内容与形式表现的设计思维

装饰内容是空间功能赖以实现的物质基础，要通过形式美法则的归纳与演绎将其以符合大众审美趋向的设计形态表现出来。两者的完美结合，才能最终完成设计效果的表现。设计内容与形式的表现是上一阶段思维过程的延伸，是对室内设计所有信息、物质形态以及对各种功能特征作出细心的分析和综合处理后，把它们集合起来通过不同的形式表现出来的设计过程。

（六）科学技术性的设计思维

室内设计是受技术工艺限制的实用艺术学科，是围绕着满足人的心理和生理的需求展开的。比如，装饰材料的性能参数、空间范围与形态造型尺寸的确定、比例的分割、工艺的流程、结构的稳固等，都要有科学的依据。室内环境设计就是要在有限的空间和技术制约下，创作出无限的装饰美感空间环境。

二、培养原创性设计思维方式

目前有种倾向，在室内设计教学中无论是实际投标设计方案还是命题设计方案的训练，学生多采用以"模仿—归纳—整合"的设计思维方式进行设计，即根据设计题目，大量翻阅资料，然后根据自己的大体设计思路归纳出适合自己的表现形式，把资料中适合自己的表现形式和方法进行重新整合，完成整套设计方案。学生这种创作思路虽然不能全盘否定，但毕竟不是艺术设计创造性思维的科学方式。室内设计的教学目的，是培养学生的开拓性原创性设计思维，挖掘创造性和个性的表达能力，让学生把关注的重点放在探寻和解决每一个设计问题的过程上，而不应该只注意最终设计的结果是多么地完美。

原创性思维方式建立的关键是挖掘创造性和个性的表达能力，创造性是艺术思维中难度最大的思维层次。人们一般的思维方式是习惯于再现性的思维方式，通过记忆中对事物的感受和潜意识的融合唤起对新问题的思考，这是一种有象的再现性思维，所以是顺畅而自然的。而创造性的思维是有象与无象的结合，里面想象占有很大的成分，通过大脑记忆中的感知觉，运用想象和分析进行自觉的原创性表现思维。创造性的思维由于探索性强度高，需要联想、推理和判断要求，环环相扣，所以是比较艰苦和困难的。

学生在设计过程中不自觉地运用再现性思维方式并不是主观逃避创造性的思维方式，而是有两个主要的原因：一是思考力度比较轻松，二是对自己原创性的创造闪光点缺乏自信心和捕捉能力。更为主要的一点是教师有时并不太注意和抓住这个闪光点并激励和赞美它。因为教师往往过多地根据自己的喜好来评价学生的原创性创意点。在室内设计方案的深入过程中，学生通过对自己整体设计方案的每一个细节部分的细化设计，来寻求人性的本质要求并赋予符合功能性的美学设计理念与形式表达，这个原创性思维过程有时很枯燥，这时的创造心理比较脆弱，有时出现的创造灵感和新的创意点如果把握不住也会飘然而过。这时作为教师应该关注学生的思维心路历程，及时地抓住学生转瞬即逝的闪光点给他赞扬和勇气让他去完善原创性思维的设计方案。

当每个学生完成一整套闪耀着自己心智和个性的设计方案时，虽然不一定是个完美的方案，但是在整个设计思维过程中敢于体验和超越的设计感觉，已经为他们进行原创性设计思维的方式奠定了基础。所以在室内环境设计的教学中应大力提倡原创性思维的训练，这一点同样应在社会上的行业设计师中积极倡导。

第七节　室内环境设计的意境表现

一、室内环境设计的审美意象

近年来，艺术理论界普遍认为，意境表现离不开审美意象，是由审美意象升华而成的，意象是意与象的统一。所谓"意"指的是意向、意念、意愿、意趣等审美主体的情意感受。所谓"象"，有两种状态，一是物象，是客体的物所展现的形象，二是表象，是知觉感知的事物所形成的映象，是头脑中的观念性的东西。

室内环境设计的意境表现离不开审美意象，是由审美意象升华而成的。意境与意象有着紧密的内在联系，研究室内环境设计的意境表现问题，有必要从室内环境设计意象上进行研究与探索。室内环境设计中的意象表现，是指设计师通过具体设计内容与形式的"象"来唤起审美者的主体情感感受，体会情景交融的审美意境，这种意象是具有审美品格的"设计审美意象"。室内环境设计审美意象具有以下几种表达特征。

（一）形象性

室内环境设计的审美意象均借助于"象"来表现室内环境设计的"意"，它不同于抽象的概念，无论是通过物质材料显现出来的艺术形态，还是保留于头脑中的内心图像，都离不开"象"，一切意象都具有形象性的特征。室内空间环境设计的"意"是靠具体的各个界面装饰设计、色彩表现、灯光设计、各种家具陈设等具体艺术造型的"象"来表达的。

（二）主体性

中国传统审美思想中，审美主体与客体的相互映照，被看作是"天人合一"的具体体现。就是说，自然的客观世界（天）要成为审美对象，要成为"美"，必须有"人"的审美活动参与呼应，必须有人的意识去发现它，去"唤醒"它，才能达到"天人合一"的最高审美境界。室内设计的主体性就是强调设计风格和装饰品格与审美者的共鸣与交流。

（三）多义性

室内环境设计中有着以象表意的丰富性、多面性。而人们感受审美意象，又存在着主体经验、主体情趣、主观联想、主观想象的多样性、多方向性。因此室内环境的审美意象具有显著的模糊性、多义性、宽泛性、不确定性，内涵上包蕴广阔的容量，审美上蕴含着浓厚的装饰意味，具备以有限来表达无限的潜能。

（四）直观性

室内环境设计审美意象在思维方式上，呈现出直观思维方式，它不同于逻辑思维，不是以"概念"，而是以"象"作为思维主客体的联系中介。意象思维过程始终不脱离"象"，呈现出直观领悟的思维特色。室内设计具有实效性、经济性、效益性等特点，对于空间环境的意象表现，不能像文艺作品中那样含蓄地表达审美意境，室内设计语言要明确地阐述其功能性。如酒店的视觉特色就是通过设计形象和色彩来向消费者传达出酒店是用餐与住宿的主要功能特点。

（五）情感性

室内环境设计审美意象是审美活动的产物，必然伴随着情感活动，即所谓的"物以情观"，主体在以情观物的同时，也将自己的感情移入设计对象，给设计对象涂上浓厚的感情色彩。因此，审美意象是主体的审美情感的升华，是一种以情动人的感情形象。情感性也会体现出审美的差异性，同一个设计空间，因人不同的情感状态会对空间产生不同的审美意境体验。比如，墙上的一块灰颜色，当一个人心情愉悦时看到它会感觉到色彩高雅，但是当一个人心情沮丧时看到它将会感到心情更加郁闷压抑，绝对不会体会到色彩的高雅了。

二、返璞归真的意境表现

室内环境设计的境界，体现在室内设计形态和装饰的外显方式上，而最能体现出返璞归真的意境的是，设计中自然风格的定位和天然环保材料在室内设计中的运用。在室内设计中用人工手段创造大自然景观和回归自然的室内意境，选用大量的天然环保装饰材料，追求室内环境的自然化、人情化、健康化已成为室内设计的时尚和趋势。在当今室内设施日趋现代化，人在室内空间逐渐脱离大自然的情况下，室内设计提倡运用自然回归的设计理念，追求整体格调素朴高雅，完全符合了人类潜意识的合理要求，也充分体现"以人为本"的设计原则。

随着工业发展的加快，城市人口的聚集、居住环境的破坏，生存压力的增加，工作之余人们从城市来到郊外、来到山涧、来到海边，清新的空气、生动的翠绿、初春的景致、放松的身心、交流的场所令人向往、渴望、留恋，从而室内装饰设计的自然化趋向得以产生，自然化的室内设计受到人们广泛的关注，成为绿色设计的重要研究方向。

在装饰材料的运用上，如原始的梁柱、粗糙的石材、翠绿的植物、圆滑的卵石、洗练的白砂、流动的水景，秦砖汉瓦蕴藏了历史的遗风、梅兰竹菊寓意着君子的韵味。材料肌理的粗糙与光滑，都闪烁着淳朴自然之美感。

在室内色彩的设计上，自然环境采集之色均可成为表现自然主义的色调。泥土的猪石色、青翠的叶绿色、白色与灰白色、天与海的蓝色、阳光的金黄色等。

三、生态设计的审美内涵

（一）生态美学理论来源

环境艺术设计的发展如同其他艺术设计一样，都是受当下多种美学思想观念所影响的，尤其是生态美学思想，对室内环境设计产生着重要的影响。

促成近年来美学的生态转向的重大贡献之一来自高主锡。他在20世纪80年代早期就提出了生态美学的观点，认为生态美学超越了西方传统美学中的主观主义，以人与风景融为一体的主观意愿为基础。他提供了大量、广泛的论证来说明建立一套整体主义的环境设计理念的必要性。在一篇题为《生态美学：环境美学的整体主义演化范式》中，高主锡提出了生态设计的三个美学原则：

第一，创造过程的包容性统一原则。这一原则将形式与目的、语境融为一体，这是自然界和人类社会创造过程的必要条件，展示了创造过程与审美体验的相互关系。生态设计应该以设计人与环境的互动为核心，建筑物被视为环境，生态设计者所应关心的不是事物或环境的形式和结构，而是人与环境的互动关系。

第二，目的与语境、环境与场所、使用者与参与者等形式体系上的包容性统一原则。

第三，动态平衡及互补性原则。动态平衡指的是保持有机形式与无机形式之间的创造和发展过程有序进行的定性平衡。动态平衡强调主体与客体、时间与空间、固态与空无以及概念上分为形式与内容、物质与形式、浪漫主义与古典主义、感受与思想、意识与无意识等的不可分割。动态平衡实质上是体现出了"互补性"特质，互补性也是一个美学原则，它联结了形式秩序与意义的丰富性、内与外、错与美。

（二）室内设计生态美学的特征

1.室内空间设计中人与环境的互动性和包容性相统一

强调室内空间里人与环境的互动关系是审美主体与审美客体相互映照的具体体现。生态学认为人类对自然环境的影响越大，自然环境对人类的反作用就越大。当自然环境达到无法承受的程度时，在漫漫岁月里建立起来的生态平衡，必然会遭到严重的破坏。由此引申到室内空间环境设计来分析，室内空间中强调人与环境的互动，绝不能强调人或环境单一方面的出位，既不能过于强调环境设计的独立性，也不能过于强调人对于空间审美的主导地位，而应该是和谐、包容、统一的互动。这是室内设计生态美学体现的根本特征之一。

2. 室内设计的目的与情境、空间与场所、主客体审美关系等形式体系上的包容性相统一

室内设计的目的是解决人们在空间中的需求，需求涵盖两个方面，一是生理需求，二是精神需求，生理需求体现在达到人体工学数据的各种物质设施的需求，精神需求则主要体现在人的心理审美需求上。而满足室内空间中的两个需求又必须在特定的空间情境下所产生主客体的审美关系。身处这种室内环境里，感受到事物所表达的情绪，审美主体可以通过自身的感受去体验不同的审美情境。

可认知性特点体现在室内空间环境的可意象性上，人们通过视觉所看到的环境实体唤起对环境的认同感。比如室内空间形态、界面、色彩、灯光等，可以加强人们对环境的范围、方向的认知，室内的文字、图像、标志、历史物件等符号，都可以说明一段历史、一种文化，可以让人认知到地方的文化和特色，进而产生文化情境；互动性特点体现在人与环境的互动体验，比如不同的审美主体的身份特征、文化背景、审美心境、行为需求、心理期待等因素的不同，应在设计中充分考虑其环境的个性化表现与需求度吻合。这是室内空间中情境特点的中心。

综上所述，室内空间设计的目的是满足室内空间中的两个根本需求，而满足其两个审美需求又必须在特定的空间情境和空间场所下所产生主客体的审美关系，所以室内设计的目的与情境、空间与场所、主客体审美关系都是设计内涵的整体内容，不能孤立地存在和表现，更应是一种包容性的互融与交集。

3. 室内空间设计生态观与人文观相统一

室内设计中的生态观与环境观在设计意义上有所不同，从字义上说，外文"环境"（Environment）具有"包围、围绕、围绕物"之意，是外在于人的，是一种明显的人与对象的二元对立。芬兰环境美学家瑟帕玛认为"甚至'环境'这个术语都暗含了人类的观点：人类在中心，其他所有事物都围绕着他"而"生态"（Ecological）则有"生态学的、生态的、生态保护的"之意，而其词头（Eco）则有"生态的、家庭的、经济的"之意。由此来看生态美学观念在其意义上更加符合生态文明时代人与自然关系的实际与要求，体现在室内设计中，更加符合人与室内空间生态性的互相依赖、互相融合的设计原则。

人文观是指对人的个性的关怀，注重强调维护人性尊严，提倡宽容，反对暴力，主张自由平等和自我价值体现的一种哲学观点。人文观体现在室内设计师头脑中的设计理念应是人文关怀、设计伦理、尊重个性、审美愉悦等，其最核心的是设计伦理观念。最早提出设计伦理性的是美国的设计理论家维克多·巴巴纳克，他在20世纪60年代末出版了他最著名的著作《为真实世界的设计》。巴巴纳克明确地提出了设计的三个主要问题：①设计应该为广大人民服务，而不是只为少数富裕国家服务。在这里，他特别强调设计应该为第三世界的人民服务。②设计不但为健康人服务，同时还必须考虑为残疾人服务。③设计应该认真地考虑地球的有限资源使用问题，设计应该为保护我们居住的地球的有限资源服务。从这些问题上来看，巴巴纳克的观点明确了设计的伦理在设计中的积极作用，同时其观点

也具有了鲜明的生态美学意味。作为建筑为载体的室内空间设计,设计伦理意识决定了室内设计目的是为了人,这就重新唤回了设计艺术人文精神的回归。

室内空间设计生态观与人文观二者的统一,体现了生态美学的研究本质问题,研究生态美学不能只关注审美问题,更重要的是要有人文关怀和设计伦理观念,设计伦理就是要求室内设计中要综合考虑人、环境、资源的因素,着眼于长远利益,体现设计为人类服务的根本宗旨,倡导人性中的真善美,取得人、环境、资源的平衡和协同,这是生态美学与人文观念的契合,更是室内生态设计美学的实质内涵。

4. 室内空间设计的视觉动态平衡与心理动态平衡的相统一

动态平衡是物理学概念,所谓动态平衡问题,就是通过控制某一物理量,使物体的状态发生缓慢变化。任何物体的动态平衡都是相对稳定的动态平衡,它总是在"不平衡—平衡—不平衡"的发展过程中进行物质和能量的交换,推动自身的变化和发展。

室内空间设计的动态平衡主要体现在视觉的动态平衡和心理的动态平衡上。视觉的动态平衡体现在"形态"平衡上,室内设计的基本构成是设计形态构成,"形"和"态"有着各自的意义,"形"所指的是设计的造型结构,而"态"多反映是设计的态势和语境、情境等,"形"相对静止,"态"是在不断发生变化的,"形"必须根据不同的"态"做出个性化、细腻化的设计,使其达到最佳的平衡状态,一个"形"体结构不可以在任何空间里照搬和复制的,如把巴黎的埃菲尔铁塔的造型结构直接复制过来放置在我们的某一个城市,虽然"形"是原型,但其"态"势由于城市历史文化、环境语境都发生了变化,颠覆了平衡,就不会有视觉的美感和愉悦了。所以"形"与"态"的相对平衡所带来的视觉审美价值是室内设计研究的重点;心理的动态平衡体现在人和环境行为之间的关系,研究人的行为特点及视觉规律,比如人在空间环境中有自觉的向光性、追随性、躲避性,在设计中就应注意人的心理自觉感受与环境形态设计的平衡关系。在室内设计中只有视觉的动态平衡和心理的动态平衡达到完美的和谐统一,才能体现出室内空间生态和谐的审美状态。

第二章　室内环境中的人体工程学设计

第一节　室内环境中的人体尺度要点及类型

一、人体尺寸的概念

人体尺寸是一门新兴的学科，是通过测量各个部分的尺寸来确定个人之间和群体之间在尺寸上差别的学科。最早对这个学科命名的是比利时的数学家 Qtfitlet，他于 1870 年发表了《人体测量学》一书，为世界公认创建了这一学科。然而人们开始对人体尺寸感兴趣并发现人体各部分相互之关系则可追溯到 2000 多年前。公元前一世纪，罗马建筑师维特鲁威（Vitmvian）就从建筑学的角度对人体尺寸进行了较完整的论述，并且发现人体基本上以肚脐为中心。一个男人挺直身体、两手侧向平伸的长度恰好就是其高度，双足和双手的指尖正好在以肚脐为中心的圆周上。按照维特鲁威的描述，文艺复兴时期的达·芬奇（Da-Vinci）创作了著名的人体比例图。继他们之后，又有许多的哲学家、数学家、艺术家对人体尺寸的研究断断续续进行了许多世纪，他们大多是从美学的角度研究人体比例关系，在漫长的研究进程中积累了大量的数据。但这些研究不是为了设计而进行的。直到本世纪 40 年代前后工业化社会的发展，使人们对人体尺寸测量有了新的认识，"二战"的爆发更推动了它在军事工业上的应用。

二、尺寸的分类

人体尺寸的测量可分为两类，即构造尺寸和功能尺寸。

（一）构造尺寸

构造尺寸是指静态的人体尺寸，是人体处于固定的标准状态下测量的。可以测量许多不同的标准状态和不同部位，如手臂长度、腿长度、坐高等。它对与人体有直接关系的物体有较大关系，如家具、服装和手动工具等。主要为人体各种装具设备提供数据。

（二）功能尺寸

功能尺寸是指动态的人体尺寸，是人在进行某种功能活动时肢体所能达到的空间范围。它是在动态的人体状态下测得，是由关节的活动、转动所产生的角度与肢体的长度协调产生的范围尺寸，它对于解决许多带有空间范围、位置的问题很有用。虽然结构尺寸对某些设计很有用处，但对于大多数的设计问题，比如功能尺寸可能更有广泛的用途，因为人总是在运动着，也就是说人体结构是一个活动的、可变的、而不是保持一定僵死不动的结构。

构造尺寸和功能尺寸是不同的。

在使用功能尺寸时强调的是在完成人体的活动时，人体各个部分是不可分的，不是独立工作，而是协调动作。例如手所能达到的限度并不是手臂尺寸的唯一结果，它部分的也受到肩的运动和躯体的旋转、背的弯曲等一系列影响。而功能是由手来完成的。再如人所能通过的最小通道并不等于肩宽，因为人在向前运动中必须依赖肢体的运动。有一种翻墙的军事训练，2m 高的墙站在地面上是很难翻过去的，但是如果借助于助跑跳跃就可轻易做到。人跳高的能力根据日本的资料，18 岁为 55cm。从这里可以看出人可以通过运动能力扩大自己的活动范围，因此在考虑人体尺寸时只参照人的结构尺寸是不行的，有必要把人的运动能力也考虑进去，企图根据人体结构去解决一切有关空间和尺寸的问题将很困难或者至少是考虑不足的。

在室内设计中最有用的是 10 项人体构造上的尺寸，它们是：身高、体重、坐高、臀部至膝盖长度、臀部的宽度、膝盖高度、膝弯高度、大腿厚度、臀部至膝弯长度、肘间宽度。

三、人体尺寸的差异与比例关系

（一）人体尺寸的差异

人体尺寸测量如仅仅是着眼于积累资料是不够的，还要进行大量的细致分析工作。由于很多复杂的因素都在影响着人体尺寸，所以个人与个人之间，群体与群体之间，在人体尺寸上存在很多差异，不了解这些就不可能合理地使用人体尺寸的数据，也就达不到预期的目的。差异的存在主要在以下几方面：

1. 种族差异

不同的国家、不同的种族，因地理环境、生活习惯、遗传特质的不同，人体尺寸的差异是十分明显的，从越南人的 160.5cm 到比利时人的 179.9cm，高差幅竟达 19.4cm。

2. 世代差异

我们在过去 100 年中观察到的生长加快（加速度）是一个特别的问题，子女们一般比父母长得高，这个问题在总人口的身高平均值上也可以得到证实。欧洲的居民预计每 10 年身高增加 10—14mm。因此，若使用三四十年前的数据会导致相应的错误。美国的军事部门每 10 年测量一次入伍新兵的身体尺寸，以观察身体的变化，"二战"入伍的人的身体尺寸超过了一战。美国卫生福利和教育部门在 1971—1974 年所作的研究表明：大多数女性和男性的身高比 1960—1962 年国家健康调查的结果要高。最近的调查表明，51% 的男性高于或等于 175.3cm，而 1960—1962 年只有 38% 的男性达到这个高度。认识这种缓慢变化与各种设备的设计、生产和发展周期之间的关系的重要性，并作出预测是极为重要的。

3. 年龄的差异

年龄造成的差异也应注意，体形随着年龄变化最为明显的时期是青少年期。人体尺寸的增长过程，妇女 18 岁结束，男子 20 岁结束，男子到 30 岁才最终停止生长。此后，人体尺寸随年龄的增加而缩减，而体重、宽度及围长的尺寸却随年龄的增长而增加。一般来说，青年人比老年人身高高一些，老年人比青年人体重重一些。在进行某项设计时必须经常判断与年龄的关系，是否适用于不同的年龄。对工作空间的设计应尽量使其适应于 20—65 岁的人。对美国人的研究发现，45—65 岁的人与 20 岁的人相比，身高减少 4cm，体重增加 6kg（男）—10kg（女）。

关于儿童的人体尺寸很少见，而这些资料对于设计儿童用具、设计幼儿园、学校是非常重要的。考虑到安全和舒适的因素则更是如此。儿童意外伤亡与设计不当有很大的关系。例如，只要头部能钻过的间隔，身体就可以过去，猫、狗是如此，儿童的头部比较大，所以也是如此。按此考虑，栏杆的间距应必须阻止儿童头部钻过，以 5 岁幼儿头部的最小尺寸为例，它约为 14cm，如果以它为平均值，为了使大部分儿童的头部不能钻过，多少要窄一些，最多不超过 11cm。目前已有许多有关儿童的资料。另一方面针对老年人的尺寸数据资料也相对较少，由于人类生活条件的改善，人的寿命增加，现在世界进入人口老龄化的国家越来越多，如美国 65 岁以上的人口有 2000 万，接近总人口的 1 / 10，而且每年都在增加。所以设计中涉及老年人的各种问题值得引起我们的重视，应有老年人的人体尺寸。在没有的情况下，至少有两个问题应引起我们的注意：

（1）无论男女，上年纪后身高均比年轻时矮。

（2）伸手够东西的能力不如年轻人。

设计人员在考虑老年人的使用功能时，务必对上述特征给予充分的考虑。家庭用具的设计，首先应当考虑老年人的要求。因为家庭用具一般不必讲究工作效率，而首先需要考虑的是使用方便，在使用方便方面则年轻人可以迁就老年人。所以家庭用具，尤其是厨房用具、柜橱和卫生设备的设计，照顾老年人的使用是很重要的。在老年人中，老年妇女尤其需要照顾，她们使用合适了，其他人的使用一般不致于发生困难（虽然并不十分舒适）；反之，倘若只考虑年轻人使用方便舒适，则老年妇女有时使用起来会有相当大的困难。

4. 性别差异

3—10 岁这一年龄阶段男女的差别极小，同一数值对两性均适用，两性身体尺寸的明显差别从 10 岁开始。一般妇女的身高比男子低 10cm 左右，但不能像习惯做法那样，把女子按身高较矮的男子来处理。调查表明，妇女与身高相同的男子相比，身体比例是不同的，妇女臀部较宽，肩窄，躯干较男子为长，四肢较短。在设计中应注意这种差别。根据经验，在腿的长度起作用的地方，考虑妇女的尺寸非常重要。

此外还有许多其他的差异：像地域性的差异，如寒冷地区的人平均身高均高于热带地区，平原地区的人平均身高高于山区。再有职业差异，如篮球运动员与普通人；社会的发达程度也是一种重要的差别，发达程度高，营养好，平均身高就高。了解了这些差异后，在设计中就应充分注意它对设计中的各种问题的影响及影响程度，并且要注意数据的特点，在设计中加以修正，不可盲目地采用未经细致分析的数据。

5. 残疾人

2020 年，全球约有 6 亿 5000 万残疾人，约占世界人口 10%。

（1）乘轮椅患者

没有大范围乘轮椅患者的人体测量数据，进行这方面的研究工作是很困难的，因为患者的类型不同，有四肢瘫痪和部分肢体瘫痪，程度不一样，肌肉机能障碍程度和由于乘轮椅对四肢的活动带来的影响等种种因素，使得调研工作困难重重。但在设计中又要全面考虑这些因素，因此首先假定坐轮椅对四肢的活动没有影响，活动的程度接近正常人，而后，重要的是决定适当的手臂能够得到的距离、各种间距及其他一些尺寸，这要将人和轮椅一并考虑，因此对轮椅本身应有一些解剖知识。相应地，人体各部分也不是水平或垂直的。Henman.L·Karo 博士从几何学的角度测定，在假想姿势中，脚踝保持 90°，腿就随椅子坡度抬起，与垂直线夹角 15°，膝部处为 105°，靠背大约向后倾斜 10°，腿与背部形成 100° 角。如果身体保持这种相对关系，整个椅子向后倾斜 5°，因此椅子面与水平线呈 5° 角，腿与垂直面之间 20° 夹角，背部与垂直面 15° 夹角。如果使用者可以挺直坐着，尽管椅子靠背倾斜，标准的手臂够得到的距离数据完全可以满足要求。如果背部处于一种倾斜状态，与垂直线夹角 15°，则手臂够得着的距离尺寸必须依此修改，因为这个尺寸的标准数据是在背部挺直和椅子面保持水平的情况下得出来的。[①]

②能走动的残疾人

对于能走动的残疾人，必须考虑他们是使用拐杖、手杖、助步车、支架，还是用导盲犬帮助行走，这些都是病人功能需要的一部分。所以为了做好设计，除应知道一些人体测量数据之外，还应把这些工具当作一个整体来考虑。另外，关于残疾人的设计问题有一专门的学科进行研究，称为无障碍设计。在国外已经形成相当系统的体系。

（二）人体尺寸的比例关系

一般来说，成年人的人体尺寸之间存在一定的比例关系，对比例关系的研究，可以简化人体测量的复杂过程，只要量出身高，就可推算出其他的尺寸。不同种属的人的人体比例系数不同。白人、黑人、黄种人不同。

第二节　人体尺度与家具尺度的关联

一、家具的类别

（一）家具的分类

（1）从使用功能来分，可分为会客室、卧室、书房、餐厅及办公等家具；

（2）从使用材料来分，可分为木、金属、钢木、塑料、竹藤、漆工艺、玻璃等家具；

（3）从体型形式来分，可分为单体及组合家具等；

（4）从结构形式来分，可分为框架、板式拆装及弯曲木等家具；

---

① 张月.室内人体工程学 [M].北京：中国建筑工业出版社，1999.

（二）家具设计的五大要素

（1）家具设计应重视整体效果。

（2）家具设计须考虑视觉和手感。

（3）重视人体工程学在家具设计中的应用。

（4）重视贯穿家具设计与生产过程中的环保问题。

（5）家具设计中的价格因素。

（三）家具设计的原则

家具在生产制作之前要进行设计，设计应该包含两个方面的含义，一是造型样式的设计，二是生产工艺流程的设计。造型样式是家具的外在形体的表现，生产工艺流程是实现家具的内在基础，二者都非常重要。所以，设计家具不但要满足人们工作、生活中的需要，而且要求产品质量要有可靠的保证。力求实用、美观、用料少、成本低，便于加工与维修。[①] 要达到上述要求，必须遵循以下原则：

1.使用性强

设计的家具制品必须符合它的直接用途，任何一个品种的家具都是有它使用的目的，或坐，或卧，或储，或放。每件家具都要满足使用上的要求，并具有坚固耐用的性能。

家具的尺度大小，必须满足人的使用功能的要求。例如，桌子的高度、椅子的高度以及床的长短都与人体尺寸和使用条件有关。不同种类的单件家具也要满足不同的使用要求，并且使用起来要非常方便，要能体现"物为人用"的思想。

2.结构合理

家具的结构必须保证其形状稳定和具有足够的强度，适合生产加工。结构是否合理直接影响家具的品质和质量，家具设计是与工艺结构紧密结合的，结构的方式，制作的加工工艺都要适应目前的生产状况，零件和部件在加工安装、涂饰等工艺过程中，便于机械化生产。在一定意义上讲家具设计除造型之外，实际上是家具的结构设计、家具的工艺流程设计。

3.节约资源

木材始终是制作家具的首选材料，木材的生产周期很长，在家具设计的过程中要有节省资源的意识。为了达到物美价廉的要求，设计的家具制品，首先应便于机械化、自动化生产，尽量减少所耗工时，降低加工成本。另外还要合理使用原材料，在不影响强度和美观的条件下，尽量节约材料，降低原料成本。因此在设计中，零件的尺寸应与毛料或人造板的尺寸相适应，或成近似倍数关系。例如，不论抽屉宽度有多大，标准抽屉的深度不大于470mm，考虑胶合板的使用方向，减去抽屉面厚度尺寸后的深度，以接近胶合板宽度（915mm）的1/2为宜，此时既省工又省料。另外，在保证加工质量的前提下，尽量缩小加工余量。根据木材品种的质量，家具的外表面要用好材，内部零件可用次等材，以节省

---

① 李凤崧.透视·制图·家具[M].北京：中国纺织出版社，1997.

贵重木材的用量。从各方面降低家具的成本，节约原材料。[①]

4.造型美观

家具除了满足使用功能、结构合理、便于加工外，还要满足人们视觉上的审美要求。因此要很好地将家具的功能要求、加工要求、节省材料、降低成本和美观几个方面的因素有机地结合起来，统筹考虑。北欧风格的家具朴实无华，突出天然的情趣；家具的造型简练实用、毫无矫揉造作之感，充分的洋溢出健康向上的美感。美观只是家具设计中需要考虑的一个方面，而不是设计的全部内容。所以，整个设计过程要在满足使用功能便于加工、省工省料的前提下，充分利用造型艺术手法，搞好家具设计。造型要朴素、明朗、大方。

（四）家具的健康尺度

合理的家具尺度对人们的生活至关重要，掌握不当会给使用者带来诸多不便，甚至影响身体健康。家具设计中的尺度、造型及其布置方式，应符合人体生理、心理尺度及人体各部分的活动规律，以便达到安全、实用、方便、舒适、美观的目的。

二、家具设计健康的尺度

（一）床的高度

一般来说床沿高度以45cm为宜，或以使用者膝部做衡量标准，等高或略高1—2cm都会有益于健康。过高或过低只会给上下床带来不便，过高导致上下不便；太矮则易受潮，容易在睡眠时吸入地面灰尘，增加肺部工作压力。床的健康高度还可通过褥面距地面高度来测算，标准是46—50cm，这是因为座椅的健康高度为40cm，坐在床上时46cm的床褥距地高度受压后刚好约40cm。此外，枕头的高度会直接影响睡眠。一般来说，成年人枕头高度应为15cm，老人及儿童可稍低，婴儿则应在6cm左右。这有利于大脑的正常供血、颈部的肌肉放松、肺部的呼吸通畅。

（一）沙发高度

单人沙发坐前宽不应小于48cm，小于这个尺寸，人即使能勉强坐进去，也会感到拥挤。坐面的深度应在48—60cm，过深则小腿无法自然下垂，腿肚将受到压迫；过浅就会感觉坐不住。坐面的高度应在36—42cm，过高就像坐在椅子上，感觉不舒适；过低坐下去站起来都会感到很困难。双人或三人沙发的坐面高度与单人沙发的坐面高度标准一致，坐面宽度则有相应变化。三人沙发每个人的坐面间距以45—48cm为宜，双人沙发的坐面间距可以更大，一般为50cm，视使用者胖瘦而定。沙发扶手一般高56—60cm。如果没有扶手，而用角几过渡的话，角几的高度应为60cm，以方便枕手或取物。

（二）电视柜高度

电视柜的高度应使使用者就坐后的视线正好落在电视屏幕中心。以坐在沙发上看电视为例——坐面高40cm，坐面到眼的高度通常为66cm，合起来是106cm，这是视线高，也

[①] 郑曙阳等.环境艺术设计与表现技法[M].武汉：湖北美术出版社，2002.

是用来测算电视柜的高度是否符合健康高度的标准。若无特殊需要，电视柜到电视机的中心高度最好不要超过这个高度。

如果挑选非专用电视柜做电视柜用，70cm 高的柜子为高限。以 29 英寸的电视为例，机箱高 60cm，柜子高 70cm，加在一起是 130cm，测算下来屏幕中心到地的高度约为 110cm，这个高度刚好符合正常收视的健康高度，如果选用的柜子高于 70cm，则中心视线一定要高于这一标准，不然容易形成仰视。根据人体工程学原理，仰视易使颈部疲劳，损害颈椎健康。卧室电视柜的健康高度视床的高低可沿用这一测算办法。

（三）桌椅高度

桌椅高度应以人的坐位（坐骨关节点）基准点为准进行测量和设计，高度通常定在 39—42cm，小于 38cm 会使膝盖拱起引起不舒适感，并增加起立时的难度；椅子高度大于下肢长度 5cm 时，体压分散至大腿，使大腿内侧受压，易造成下腿肿胀。

（四）厅柜高度

40cm 高的低柜，这是一般坐面的高度，正好与沙发形成交流的高度。60—70cm 高的低柜兼做展示柜或放置电视都能获得比较理想的效果，这是适合大多数东方人的健康高度，这个高度对视线的回应及时而有效。高柜最高处距房顶应维持在 40—60cm，过高会产生压迫感，过低视线容易忽略中心高度，造成视觉分散。柜子搁板的层间高度不应小于 22cm，小于这个尺寸会放不进 32 开本的书籍，考虑到摆放杂志、影集等规格较大的物品，搁板层间高一般选择 30—35cm 为宜。

家具外形基本尺寸的确定是在充分研究人体工程学；对人体在进行各种活动时所表现出的各种数据的基础上；合理地满足人们的使用要求为前提的。另外，还应该考虑家具造型的需要和生产中各种材料的规格要求。在设计同一套产品时，各种产品尺寸应该一致或协调。

家具的尺度和尺寸具有严格的科学性，它是经过严密的科学测量和使用各种科学仪器测试得出的数据，同时又经过大量的社会调查，所以在进行设计时要认真对待。但是，这些尺度和尺寸与人体的密切关系，不同的家具品种又都不尽相同，例如椅子，尤其是工作椅与人体的关系比其他任何一种家具都要密切。椅子的尺寸对椅子的造型约束就很大。而柜类家具与人的关系主要是柜子的高度要与人体的尺度相适应，柜子的尺度和尺寸更多的是与摆放各种物品的尺寸相协调。这就要求家具设计者真正掌握家具的尺度概念，不能不重视尺度而随心所欲改变尺寸，一味的从造型需要出发去进行设计；也不能受人体工程学的数据限制，机械地安排家具的尺度和尺寸，完全从尺寸出发来进行家具的造型设计。任何一件家具构成它造型的尺度和尺寸都是具有不变的和可变的，在设计实践时头脑中要明确这些因素，从而掌握好尺度和尺寸的概念。

三、室内设计中儿童家具的设计

在室内设计中，儿童家具设计合理与否是现在众多家长关注的重要问题，如，儿童家具的造型是否安全，会不会对孩子造成伤害，等等。

（一）儿童家具

1. 儿童椅

对于处于不同时期的儿童来说，儿童椅是必需品，因此对于其尺度的研究格外重要。影响坐姿舒适度的重要因素是座高，儿童常常因为坐姿不正确而导致疲劳，这大多是由椅子座高不合理造成的。脚掌平放在地，小腿自然垂直，大腿近似呈水平的状态才是正确、舒适的坐姿。过高的座面容易让人产生疲劳感，反之则容易让人产生酸痛感。参照儿童椅的国家标准，建议儿童椅的座深为265mm，座面高为280mm，座前宽为300mm，座后宽为270mm，靠背上缘距座面高为280mm，靠背下缘距座面高为260mm。当然，不同年龄的儿童对儿童椅的需求也不尽相同。如，一岁以内的婴儿以抱为主，在"七坐八爬"（指七个月学习坐，八个月学习爬）这个阶段，儿童椅对于他们来说也许只是一个靠垫；一岁多的幼儿有个小矮凳就足够；随着年龄的增长，可能儿童吃饭会需要自己的小餐椅、学习椅；等等。因此，家长在选择或者设计者在设计儿童椅的时候应该考虑到各个年龄阶段儿童的需求。

2. 儿童桌

儿童桌也是生活、学习的必需品。桌子的高度是保证桌子舒适的首要条件。桌子的高度以保证两手平放在桌面上不用屈臂、身体直立坐正不用弯腰为宜。如果桌子过高或过低，都会使背部、肩部肌肉因紧张而产生疲劳，不合适的高度会影响儿童的身体健康，如造成脊柱变形弯曲或眼睛近视等。根据学前儿童桌的国家标准，建议儿童桌面高为570mm，长为105mm，宽为400mm。3岁以上的儿童对儿童桌的需求会更大，这个时期的儿童有了模仿、创造的能力，他们开始喜欢画画、写字等。这时，儿童桌的设计高度对儿童生理安全的影响就日渐突出了。

3. 儿童床

由于目前国家标准没有对儿童床的尺寸给予明确规定，只能参照家具设计学中幼儿床的基本尺寸，建议儿童床长度为1380mm，宽度为600mm，高度为600mm，护栏高为300mm，护栏间距为55mm以下，床口宽度为580mm。因此，在选择儿童床的时候，可以按照此规定进行选择，以防购买到不利于儿童身体健康的产品。在摆放儿童床时，应尽量一边靠墙摆放，这样也是考虑到儿童安全。

4. 儿童成长家具

随着儿童的成长，儿童家具若尺寸不可调节则很快会被淘汰。近年来，设计师也意识到了这一点。许多设计师开始研究能够伴随儿童成长的家具，并取得了一些成果。所谓儿童成长家具，就是为了达到长久使用的目的，在制作儿童家具时，按照成人的家具尺寸设计儿童的桌椅，使其可以灵活地调节高度以适应儿童身高的不断增长。这样在保证儿童使用安全的基础上，既延长了儿童家具的使用时间，又能减少开支。因此，尺度合理、具有成长性特点的家具对儿童的成长十分有益。儿童家具的成长性特点可以使固定不变的家具具有可调节的功能，这样的儿童家具具有适应儿童发展的特性，家长可及时发现儿童使用过程中的不适，调节桌椅尺寸，防止影响儿童的健康发展。

（二）儿童家具造型设计要求

在儿童家具造型设计中，不妨选择一些单纯的几何图案，这样在一定程度上有利于他们思维的建立。倘若儿童家具采用了几何造型，为避免棱角位置刮伤、碰伤儿童，一定要注意倒角部位，在此位置进行圆角处理，或者加上防护措施。为了确保儿童的安全，设计师在设计时应尽量设计出一些专门适用于儿童的有着光滑表面、边角保护或者柔性材料边角的家具。通常我们所接触到的家具构件的几何形态多是三角形、正方形、矩形等，有些儿童家具具有由面形成体的形态效果，形象生动、线条简练，非常符合儿童的心理特点。

（三）儿童家具造型设计与室内安全性的关系

对于儿童室内设计来说，儿童家具造型的安全性也是重要的考虑内容之一。基于儿童心理和生理特点，依据人体工程学原理，考虑儿童室内造型的安全性，设计师和家长在进行儿童室内设计时应考虑以下两个方面。

1. 造型的防护性能

儿童自我保护意识弱的特点决定了儿童家具的造型必须把安全性放在第一位。儿童有时会为满足自己某方面的需求，不考虑自己的安危，敲打、摇晃、推移室内的家具、玩具等设施。儿童的机体平衡能力差，要注意家具高度应该适中，功能要合理。为避免磕碰到儿童，设计时要注重每个细节部位。如，儿童家具和饰品等的棱角需要进行磨边处理，门把手要方便儿童握取，柜子扣应加装防夹保护措施，等等。

2. 造型的稳固性能

整体重心稳固是儿童家具的造型应具备的特点之一，此外，儿童家具还要有一定的重量。由于儿童天性好动，喜欢用手感知世界，如家具整体不牢固、不稳定，室内将存在严重的安全隐患。特别是书柜等高型家具腿部一定要稳固，不能轻易地让儿童举起或推倒，防止儿童受到意外伤害。儿童家具设计需要设计师不仅考虑到家具的实用性，还应该考虑到各种类型的儿童家具在造型等方面的安全性问题，因此，关于室内设计中儿童家具的研究显得尤为重要。

第三节　人体尺度与住宅空间的适宜关系

一、人体尺度与空间环境的关系

（一）领域性与人际距离

领域性原是动物在环境中为获取食物、繁衍生息等的一种适应生存的行为方式。人与动物毕竟在语言表达、理性思考、意志决策与社会性等方面有本质的区别，但人在室内环境中的生活、生产活动，也总是力求其活动不被外界干扰或妨碍。不同的活动有其必须的生理和心理范围与领域，人们不希望轻易地被外来的人与物所打破。[①]

　　室内环境中个人空间常需与人际交流、接触时所需的距离通盘考虑。人际接触实际上根据不同的接触对象和在不同的场合，在距离上各有差异。赫尔以动物的环境和行为的研究经验为基础，提出了人际距离的概念，根据人际关系的密切程度、行为特征确定人际距离，即分为：密切距离、人体距离、社会距离、公众距离。

　　每类距离中，根据不同的行为性质再细分为接近相与远方相。例如在密切距离中，亲密、对对方有可嗅觉和辐射热感觉为接近相；可与对方接触握手为远方相。当然对于不同民族、宗教信仰、性别、职业和文化程度等因素，人际距离也会有所不同。

（二）私密性与尽端趋向

　　如果说领域性主要在于空间范围，则私密性更涉及在相应空间范围内包括视线、声音等方面的隔绝要求。私密性在居住类室内空间中要求更为突出。日常生活中人们还会非常明显地观察到，集体宿舍里先进入宿舍的人，如果允许自己挑选床位，他们总愿意挑选在房间尽端的床铺，可能是由于生活、就寝时相对地较少受到干扰。同样情况也见于就餐人对餐厅中餐桌座位的挑选，相对地人们最不愿意选择近门处及人流频繁通过处的座位，餐厅中靠墙卡座的设置，由于在室内空间中形成更多的"尽端"，也就更符合散客就餐时"尽端趋向"的心理要求。

（三）依托的安全感

　　生活活动在室内空间的人们，从心理感受来说，并不是越开阔、越宽广越好，人们通常在大型室内空间中更愿意有所"依托"物体。在火车站和地铁车站的候车厅或站台上，人们并不较多地停留在最容易上车的地方，而是愿意待在柱子边，人群相对散落地汇集在厅内、站台上的柱子附近，适当地与人流通道保持距离。在柱边人们感到有了"依托"，更具有安全感。

（四）从众与趋光心理

　　从一些公共场所内发生的非常事故中观察到，紧急情况时人们往往会盲目跟从人群中领头几个急速跑动的人的去向，不管其去向是否为安全疏散口。当火情或烟雾开始弥漫时，人们无心注视标志及文字的内容，甚至对此缺乏信赖，往往是更为直觉地跟着领头的几个人跑动，以致成为整个人群的流向。上述情况即属从众心理。同时，人们在室内空间中流动时，具有从暗处往较明亮处流动的趋向，紧急情况时语言诉引导会优于文字的引导。[②]上述心理和行为现象提示设计者在创造公共场所室内环境时，首先应注意空间与照明等的导向，标志与文字的引导固然也很重要，但从紧急情况时的心理与行为来看，对空间、照明、音响等需给予以高度重视。

[①]　陈长生.室内设计[M].广州：岭南美术出版社，2005.

[②]　北京未来新世纪教育科学发展中心编.雅致生活 室内设计漫谈[M].乌鲁木齐：新疆青少年出版社；喀什：喀什维吾尔文出版社，2007.

（五）空间形状的心理感受

由各个界面围合而成的室内空间，其形状特征常会使活动于其中的人们产生不同的心理感受。著名建筑师贝聿铭先生曾对他的作品——具有三角形斜向空间的华盛顿艺术馆新馆——有很好的论述，他认为三角形、多灭点的斜向空间常给人以动态和富有变化的心理感受。

二、人体与室内环境设计的尺度

人的生活行为是丰富多彩的，所以人体的作业行为和姿势也是千姿百态的，但是如果进行归纳和分类的话，我们从中可以理出许多规律性的东西来。人的生活行为可分为以下几类，即：从人的行为与动态来分，可以把它分为立、坐、仰、卧四种类型的姿势，各种姿势都有一定的活动范围和尺度。为了便于掌握和熟悉室内设计的尺度，这里从以下几个方面来予以分析、研究：

（一）人体的基本尺度

众所周知，不同国家，不同地区人体的平均尺度是不同的，尤其是我国幅员辽阔、人口众多，很难找出一个标准的中国人尺度来，所以我们只能选择我国中等人体地区的人体平均尺度加以介绍。为便于针对不同地区的情况，这里还列出了一个我国典型的不同地区人体各部位平均尺度，以此为依据对人体进行研究与探索。在我国按中等人体地区调查平均身高，成年男子为 1670mm，成年女子为 1560mm。如果按我国全国成年人高度的平均值计算，在国际上属于中等高度，不同地区人体各部位平均尺寸。

（二）人体基本动作的尺度

人体活动的姿态和动作是无法计数的，但是在室内环境设计中我们只要控制了它主要的基本的动作，就可以作为酒店设计的依据了。

（三）人体活动所占的空间尺度

这是指人体在酒店室内环境的各种活动所占的基本空间尺度，如擦地、穿衣、厨房操作、卫生间场所中的动作和其他动作等，如坐着开会、拿取东西、办公、弹钢琴等。

（四）立的人体尺度

立的人体尺度主要包括通行、收取、操作等三个基本内容。这些数据是根据日本、美国资料的平均值标定的，可作为我们进行酒店设计时的参考资料。因为日本人体平均标准与美国人体平均标准的平均值同我国人体平均标准是基本相同的，这样使用起来是不会有多少出入的。

三、人体尺度在住宅室内设计中的应用

要了解人体尺度，首先需要了解一些尺度的概念。尺度主要指建筑或建筑物的各部分与人体之间的大小关系，进而形成的一种大小感。人体尺度作为人体工程学的一项重要内容，在住宅设计中起着重要作用。人体尺度作为一门新兴学科的一个分支，在住宅室内环境设计中应用的深度和广度，有待进一步认真开发。目前，从住宅的功能来论述，已应用方面如下。

（一）客厅部分

客厅即简单会客的地方，有些地方也称之为起居室，是专供家庭人员生活起居和会客的场所。客厅的部分主要由客厅的家具来决定。客厅的家具主要由沙发、茶几、电视柜等要素构成，那么这些家具的尺寸，直接影响着客厅所需的最小空间。很多书中都介绍在客厅中需要一个3m左右的净墙面，主要是可以用来放置长的沙发。沙发以3，1，1的组合为准。布制或皮革沙发的尺寸为（1800—2100mm）×（600—800mm），一般单个沙发椅的大小为400mm×500mm或（600—1000mm）×800mm的大小。电视柜距离沙发的远近由人的生理尺寸来决定，人眼与电视视景中心的距离至少为2m，一般以3.3m为适中距离。

（二）卧室部分

卧室空间由重要功能的家具组成。为满足人体的相应需要，卧室中床尺寸是由人体的肩宽来决定的，即床宽是人肩宽（500mm）+人体的幅度（150mm×2mm），那么床的宽度至少是800mm。现在为更好地满足人体的需要，单人床宽度的大小为850—1100mm，双人床的宽度大小为1200—2000mm，当然床的长度为2m就可以了。床的高度可以说以人体的膝盖部位以下为准，人体坐在床上，双脚能够平衡着地，而且床边部位以不压迫大腿部肌肉为最佳，这一点和椅子的高低原理是一致的，人体工程学的设计在人体的生理尺寸方面做了充分的说明。在卧室中一般会有壁柜，壁柜的尺寸也是以人体的尺度为准。

众所周知，壁柜的底部100mm以下的部分，在人体要达到这个高度时身体会比较难受，降低人的血压，一般在设计时100mm高度以下，就不设计什么内容，这样做不仅可以减轻人生理上的负担，而且还可以使家具本身通风、防潮。壁柜设计的尺寸深度和人体尺度中的人的手臂长度有密切的关系。壁柜的深度以550—600mm为基准。壁柜的高度为2200mm为人伸直手臂达到的一般极限。在卧室中还需要存在的家具是梳妆台，梳妆台当然主要是为女士设计使用的，当然以小巧为佳，符合人体的尺寸。梳妆台的台面在400—500mm，长度在600—1200mm之间，高度以720mm为中间数值浮动，当然这些尺寸的设计都是为了更好满足女人的需要，以她们为主要参考对象。卧室中主要的家具布置好后，为符合人体的动作域要给人体留一定的活动空间。例如，人在下床要穿鞋子时，这个动作的范围要保证在550mm的尺寸，这样才能稍微便于人的这种行为，人在床边行走时也需要600mm的净空间。

（三）书房部分

书房是人们学习和工作的地方，在选择家具时，除了要注意书房家具的造型、质量和色彩外，还必须考虑家具是否适应人们的活动范围并符合人体健康美学的基本要求。也就是说，要根据人的活动规律、人体各部位尺寸和使用家具时的姿态来确定家具的结构、尺寸和摆放位置。例如，在休息和读书时，沙发宜软宜低些，使双腿可以自由伸展，高度舒适，以消除久坐后的疲劳。按照我国正常人体生理测算，写字台高度应为 750—780mm 为准，为适宜人体的尺度为准，桌子的高度在椅子高度的基础之上加 280mm，这样既可满足人长期工作的需要，又适合人的生理特点。椅子的高度一般为 380—450mm 为准。椅子造型曲线的设计是和人体的结构曲线一致的。随人体的骨骼结构形式来确定。[①] 书房有靠背的椅子是以人体解剖构造中的脊椎骨为界，要么大于这个界限，要么小于这个界限，这个尺寸界限一般为 300mm。

（四）厨房部分

在设计厨房时不仅需要考虑厨房的防水防潮问题，还要注意厨房家具设备的造型及尺度，提高人体操作时的舒适性。在橱柜布置设计中，操作者在厨房的三个主要设备——水池、炉灶和冰箱之间往来最多，三点之间的连线形成人的动作域，一般形成一个三角形；分析研究表明，三边之和在 3600—6600mm 之间为宜，过小会感到空间局促，过大易于疲劳。

（五）卫生间部分

卫生间中主要的是浴盆、脸盆、坐便器和淋浴设备。就浴盆来讲，为了使旅客在进出浴盆时不觉得有突然的高差，其底面应尽量降低，争取做到与地面齐平；为了适应人体对浴盆和淋浴的不同爱好，卫生间内常将两者相结合布置；为了防止洗澡时有过多的水溅出地面上导致地面太滑，常需设置合适的挡水幕；为了便于控制水温，冷热水龙头的开关应尽量靠近，并用颜色或文字说明；开关安装的位置当然应便于操作。坐便器要注意所占用的尺寸空间，800mm×800mm 或 900mm×1200mm。这样适合人体的简单尺寸空间。具体对淋浴设备变化的空间较大，这里就不再论述。卫生间的门可以适当过一个人即可，即 750—800mm。

（六）贮藏室

住宅中贮藏室的各种储物架的尺寸可以和卧室的壁柜雷同，这里就不再重复。

从以上种种可以看出，住宅中的每种家具摆设和人体尺寸都有非常密切的联系。居室的空间完全由人体的尺度来决定，设计只有符合人体的尺度，才称得上是"以人为本"的创造，才可能为人们提供合理、舒适的居住空间环境。[②]

① 罗盛，胡素贞，文渝 . 人体工程学 [M]. 哈尔滨：哈尔滨工程大学出版社，2009.
② 广东省中等职业学校教材编写委员会组 . 工业产品设计 [M]. 广州：岭南美术出版社，2006.

第三章　室内各个房间的设计要求

第一节　起居室、餐厅、卧室功能分析与设计

一、起居室空间功能的设计需求及设计原则

起居室在当下是家庭中面积最大的空间，是供家庭聚会、聊天、招待亲友的空间，是一个家庭的中心空间，我们经常看到报纸、楼盘广告、网络媒体等介绍住宅时，都是把起居室的效果图作为宣传的亮点，可见起居室占据的重要性。

（一）起居室与客厅

当下起居室、客厅两个词经常混用，都是指一个空间。严格来说，两者空间是不同的。"客厅"这个词来源于中国传统民居中的厅堂，民居中的厅堂是按照中国的哲学思想和宗法、伦理、等级等观念来建筑的，它主要体现了家族的权利地位，有很大的象征性。是家族中非常神圣的地方，体现着家族精神凝聚力。在室内的布置上，必须按照宗法制度来摆设，家具按照中轴对称的形式来布置的。座次有序，长辈的座位处于上位，晚辈的座位分列两旁并按年龄排序。可见传统厅堂的精神层面意义要更强，一切体现着长幼尊卑的思想。它的功能性反而居于次要地位。"起居室"这个词语是从西方传过来的，它分为家庭起居室和生活起居室两种，家庭起居室（familyroom）一般是供家庭成员内部集会或者与密友聚会的空间；生活起居室（livingroom）即通常所说的起居室，它还承担着会客的功能。当下在家里招待客人的机会越来越少了，一般都到餐厅、饮食店、茶馆等场所去了。从以上分析得出，当下住宅的群体活动空间已经卸下以前的宗法制度的追求，也卸下待客显身的重任，回归到家庭团聚的主题上。

（二）起居室的位置

随着经济的发展，生活水平的提高，人均住宅的面积越来越大，一套住宅拥有两个起居室的非常多；在设计上可以把一个起居室放在住宅后方或者住宅二层，它比较隐秘，离餐厅、厨房比较近，这个作为家庭起居室，适合家庭和密友间的聚会；另一个起居室设置在主入口位置附近，这个作为生活起居室，供会客使用。这样的划分是很理想的。一般来说起居室作为家庭的核心，一般应该设置在住宅的中心地域，和主入口距离较近，方便居住者工作、学习后回家方便地来到这里，也方便有来访者时很快去开门。起居室和主入口之间应通过适当手段进行分隔，最好有一定的通透，能坐在座椅上看到主入口的情况，便于控制或提供帮助。但一定要避免外人通过主入口能看到起居室的全貌，如这样会对住宅

的私密性产生不利的影响，对居住者的心理产生不良反应；还会对住宅的卫生产生影响。

（三）起居室的功能

起居室是家庭生活的主要空间，其功能相对较多，它需要满足家庭成员间交流、看电视听音乐、招待亲友，还包括临时性休息、办公学习、锻炼身体、就餐等功能。可以看出起居室的功能是很多样的，设计上要结合居住者的特点进行分析，找到适合的居住者的空间布局。

1. 聚会聊天

在当下起居室最主要的功能是家庭成员间的交流沟通，促进家庭的和睦，俗语讲，家和万事兴。起居室就承担为家庭和睦提供良好的场所的功能，特别是现在人们都很忙，生活、学习压力都很大，营造一个适合放松交谈的场所来促进家庭成员间的聚会交流。这也是现代生活对起居室的新要求。在设计上通过一组沙发或座椅的巧妙围合形成一个适宜交流的场所。座椅的摆放方式有"一字型""双列型""L型""U型""围合型"等形式，现在大多家庭采用的形式有"L型""U型""围合型"这几种，它们对内聚性、团聚性的氛围营造都较好，适合家庭使用。座椅的选择要舒适、高度要适合，家里有小朋友的，可以考虑选择小朋友沙发。座椅造型、色彩要和整体的装修风格相协调。座椅围合的中心应有一个功能和美学上的视觉焦点。有些家庭是采用茶几作为焦点，摆放一些实用品和装饰品。在西方起居室是以壁炉为中心展开布置的，温暖而装饰精美的壁炉构成了起居室的视觉中心，而现代壁炉由于失去了功能已变为一种纯粹的装饰。

2. 接待亲友

起居室也是亲友聚会、畅聊的场所，也是一个家庭对外交流的场所，这个场所的营造可以和家庭聊天场所合二为一布置，要准备与亲友有玩赏品味的空间。可以设置一些收藏品、绿植、灯具等欣赏。

3. 影音活动

看电视、看电影、听音乐等影音活动是很多人必不可少的活动。现代的视听设备相对更丰富。现代丰富的视听设备的出现对位置、布局以及与家居的关系提出了更多的要求。电视机要避免逆光以及外部景观在屏幕上形成的反光。这种以电视为核心的起居室在当下受到了很大的挑战，一方面的围坐看电视使家庭成员的交流减少，不利于家庭成员的交流。另一方面娱乐方式发生了很大变化，向个人化和分散化发展，还有网络的发展，人们获得电视节目更便捷、更有效，还没有那么多的广告。所以电视在当下并不是必备的，有一些家庭在起居室把电视取消了，而使起居室真正回到了表达家庭情感、促进交流的主题上来。这将是一个发展的趋势。电视将来和个人电脑会高点融合，会提供给人全方位、可玩性更强的娱乐方式。

4. 睡眠休息

家里来了客人，房间住不下时，可考虑在起居室内休息。一般来说可以考虑买一个多功能沙发床，平时可以用作座椅，来客人时可以打开做成床铺；还可以考虑选择一些方便收纳的方凳拼起来做床铺。

5. 学习办公

随着网络化、智能化的发展，催生了在家办公一族。起居室空间相对较大，环境较舒适，很多人选择在起居室内设置一个办公区域，配置办公座椅及办公用具。这也是非常方便的地点，要注意光照度的满足。起居室也是读书看报纸、杂志的理想场所，一家人一起看看书、有一搭没一搭地闲聊，是一件轻松惬意的事情。这些活动时间随意、目的性不强、位置不固定、形式不拘一格。但要对其照明和座椅的设置进行研究，还要考虑书报的摆放位置，必须准确地把握分寸，以免把起居室设计成书房。

（四）起居室的布局

1. 空间比例

通过以上分析可以得出起居室的功能有很多，在设计时不是把各个功能分别布置，应该根据家庭的活动情况来确定哪种功能或哪几种功能为空间的核心。即要思考这里会是谁做什么事情的空间。一般来说，大多数家庭会以沙发和茶几为中心进行布置，这是一种较为常见的布局，在它周围设置其他类型的活动功能。沙发和茶几占有较大的空间这种布局不是一成不变的，要根据家庭的特点进行规划，比如一些家庭有钢琴，经常会进行钢琴演奏或交流，这时可以以钢琴为中心进行布置；也可以设置有高度落差的长椅；如果想要好好放松休息横躺的话，铺设榻榻米也是很好的选择。

2. 流线规划

起居室是家庭的中心，也是一处通往各个空间的场所，规划出动线是非常重要的。起居室会和几处的空间连接，比如是面向餐厅、厨房、走廊或是卧室，还有可能就是紧邻庭院或是阳台，像这种情况常见。因此从起居室出入的场所出乎意料的多，可以将家具放在客厅中央的区域，然后依据住宅内出入口之间的家具位置，可能会觉得浪费了空间，但事实上反倒是因为房间的中央成了通道，就不会发生动线从沙发等其他家具的前方通行的情况。以家具的摆设作为起居室的区隔，其实是行之有效的，在起居室摆放大书架或是沙发，借此将起居室区隔成几个小块，如果有高度的家具，也可以当作墙壁之用，高度低的家具则用于隔断，完全不影响空间的一体化。尝试让家具不要贴着墙壁，空出行走的动线，就是很好室内交通空间。如果动线穿过沙发的正前方，这个空间就无法让人感到放松，难以悠闲地聊天、看书，要打造一个舒服的空间，应该是在距离动线不远的地方。根据行进的方向来规划，自然而然就会找到沙发和茶几的最佳位置。

3. 空间宽敞

在室内家具的摆放上，尽可能运用"视觉延伸"的方法来打造一个宽敞的空间。如果房间内放置了很高大的家具，就会产生压迫感，因为人的视线只能到达家具，这样会感到空间的狭小。如果把家具替换为到成人腰部位置高度的，居住者的视线将可到达墙壁，自然觉得房间很宽阔。如果紧邻起居室能有一个大阳台，这块空间可以当作起居室的延伸，轻松使用。这样不但会觉得起居室空间更宽敞，同时也能阳光充足。

（五）起居室的界面设计

起居室的界面装饰是指对天花、墙面、地面的装饰美化，这要根据整体的设计构思来完成。

1. 天花

现代建筑的毛坯房层高一般在2900mm左右，较好的住宅的高度在3300mm左右，较低的住宅在2600mm左右，如再加上地面铺设，空间会更低。如果空间过低的住宅不宜满铺吊顶，尽量以简洁的形式为主。做吊顶的时候要注意和它相对应的底面统一。

2. 地面

地面材质非常丰富，可以用地砖、石材、木地板、自流平、地毯等材料，根据空间的大小来选择所用的材料的大小，常用的砖为500mm×500mm、600mm×600mm、800mm×800mm等。要考虑到耐磨，耐脏，易清洗，防滑等要求。可同时选用两种以上的材料，以一种材料为主，可以考虑拼图案。使用时应对材料的肌理、色彩进行合理选择。

3. 墙面

起居室的墙面是起重点部位，是人们视线集中的地方，是室内面积较大地方，为室内的家具、陈设品提供良好的背景，对整体的风格起着决定性的作用。沙发对面的墙面更是重中之重，下大力气进行营造。根据居住者的兴趣、爱好，体现家庭的风格特点与个性。

二、餐厅、厨房空间功能的设计需求及设计原则

众所周知，人的一生大约有三分之二的时光是在住宅里度过的。而住宅中关系到夫妻及其家庭成员身心健康最关键的场所之一就是厨房与餐厅。这是因为对于我们大多数普通人家而言，家庭成员的一日三餐多数是在厨房与餐厅中完成的。厨房内的系列烹饪主要由家庭"主妇"来完成，而厨房内部布局是否科学合理，空气是否清新流通，与"主妇"进入这个空间能否有一个愉悦的心情密不可分，从而直接导致烹饪食物的质量是否为家庭成员所欢迎。因此，主人的工作成果将直接关系到家庭成员的饮食效果与心情状况。长久已往，必将关系到全体家庭成员能否和睦相处、身体健康。可见，厨房与餐厅的科学布局与合理装修对于我们大多数普通家庭成员的身心健康具有何等重要的意义。

（一）厨房的功能设计

我们的祖先们也曾经认为，厨房代表着一家人的财富、食禄以及健康状况。在这样一个特殊的场所里，许多器具从四面八方有缘"组合"在一起，它们能否同心同德，密切协作，非常友好地在自己家里为主人做好服务工作是值得我们关注的重要事情。所以厨房在方位与布局方面最好要仔细考量，在此基础上做出科学合理摆布。只有这样才能有益于家庭成员的健康、和睦与全面发展。

1. 关于厨房的位置与布局

无论是作为建筑师在设计厨房时，还是作为购房者在选择住宅时，对于厨房的位置与布局通常应该考虑以下几个方面的问题。

（1）厨房原则上不宜安置在南方

因为南方受太阳照射时间长而且强烈，厨房烹饪也要生火，火上加火，则对居家健康生活显然不利；而且南方食物易腐化，尤其是夏天。所以厨房最好不要设在南方，尤其是西南方向。厨房也不宜设置在家的中央，因为它是住宅的中心，烹饪时容易把"污染"传向四面八方。而最适合的位置为住宅的东部与东南部，无论是从早上，还是从中午与晚上烹饪、用餐的时间段来说，室内气温均相对舒适，人与自然都能"和平共处"。所以这个方向是特别适合于作为厨房的好地方。现在，许多建筑设计师把厨房设置在东北方向，这也是一个不错的选择。

（2）厨房门最好不要正对家门

我们暂且不论老辈人"开门见灶，钱财多耗"的说法是否有科学道理，我们也可以从日常生活中亲身感受到：如果是这种格局，寒冷时节中午、晚上，有人开门进家时，寒冷气流直冲厨房，这很容易使主人烧伤，有损主人或家庭成员的身体健康。

（3）厨房门不宜正对卧室门

因为厨房内做饭时难免出现烟油四散的现象，这就有可能使居住者出现头昏脑涨，心情烦躁的现象。尤其对在卧室里休息的老人和孩子是有害无利的。即使装有抽油烟机，抽油烟机也不可能把所有的油烟悉数收尽。因而这种现象也难免出现。

（4）厨房门不宜正对厕所门

这是因为厨房作为一家大小膳食加工车间，实属吉祥圣地。厕所尽管需要放在家里，但它总是不洁之地。而且从居家生活的角度而言，厨房代表美味，厕所代表臭气，此处水火相对立。这显然会使用餐者食欲降低，情绪不佳；长此以往还会导家庭成员身体不够健康。

（5）厨房与厕所也不宜使用同一个门

作为设计者不能为了节省空间，而让厨房、厕所共用一个门进出，这是必须避免的。这可能会使居家气味异常，影响健康；更有甚者，先进厕所，再进厨房，口腹之欲，荡然无存。

（6）厨房的地面不宜高过餐厅、客厅、卧室等处的地面

这主要是因为一方面可以有效地防止污水倒流；另一方面是由于主次有别，厨房不宜凌驾于厅、房之上；再一方面，从厨房入厅奉食，应步步高升，这对家庭成员的身心健康很有益处。

2. 关于厨房内部灶台与炉具的位置布局

厨房中的灶台灶具在居家生活中占有极其重要的地位。科学布局合理放置则有利于家庭成员的健康、婚姻和事业发展。关于灶台灶具安置时在条件允许的情况下，应该考虑以下几个方面的问题。

（1）炉具是厨房中最重要的器具

因为它代表了创造和贡献的能力，所以最好选择使用自然明火的炉具如煤气炉、天燃气炉等。尽量避免使用会放出磁力线的电磁炉或微波炉等作为主炉；炉具以放在厨房中紧靠实墙的灶台上为最佳；而炉具的表面材料最好是不锈钢，以便于清洗和保养。

（2）灶具最好要离开水池

这是因为水池在洗碗洗菜时很容易把水溅到熊熊燃烧的炉具上，影响做饭质量。故不宜把它们紧邻而放，中间最好要隔上切菜台等予以缓冲，以避免可能出现的不和谐；尤其值得注意的是，千万不可将灶具安置在两个水池的中间；而且在可能的情况下，也应让冰箱、洗菜机等用具不要紧临炉具。此外，灶台灶具也不宜安置在水道上方，尤其是不宜安置在下水道的上方，以免在做饭时清理堵塞的水道而引火烧身；炉具的安置也不宜坐南向北，以避免阳光照射炉火时看不清火苗的大小。

（3）灶具一定要避开风吹

因此灶具不宜正对门口和窗口，如在风口上，容易引起火势逆流而导致居家危险，这显然对家庭生活不会有利；炉台与抽油烟机之间不宜开设窗户。这是因为风从窗口进来后对火势的正常燃烧造成影响，不利于食物的正常烹饪，风势过猛还可能导致主人身体受伤。

（4）厨房炉火不宜正对阳台走道

这是因为长廊易受风吹，不利于顺利烹饪；做饭容易出汗因而导致家人容易患感冒之类的病症，不利于身体健康。

（5）灶台灶具不可背后无靠或四周空旷

炉灶象征家庭健康、婚姻和事业。背后不可虚空，宜有所依靠，而且一定要靠得住，最好是靠在实体墙壁上，从而避免空气流动以及人走动对烹饪工作的影响。这将会有利于家庭"主妇"安心操作，从而使居住者未来的生活充实、富裕、美好。

（6）灶台灶具不宜放在横梁之下

而且凡是经常进出及操作之地均不宜处在受压的状态之下。灶台作为食物制作的平台，主人要经常在这里制作佳肴之地更是如此。这是因为从心理学的角度来讲，人长时间处在压抑的环境下工作、生活，容易出现精神疾病。

3. 厨房环境空间的营造

现代家庭厨房因受居住空间的限制普遍偏小，所以厨房环境产生的视觉心理尤为重要。通过家具、地瓷砖的横线造成室内的宽度感；竖线增加室内的高度感；通过清淡色调的选用产生室内空间的扩张感。总之，我们可以千方百计通过造型、材料、色彩等配置的不同在视觉上呈现出明亮宽广，以增加房主人心理上的愉悦感。

（1）厨房空间要与主人身体尺寸相适应。厨房案台的高度，柜橱或其他设备相互之间的通行间距，头顶上或案台下的贮存柜高低以及适当的光线都是要考虑的问题。这些距离尺寸必须与主人身体的尺寸相适应，才能有利使用时操作方便。

（2）厨房的家具与用品要有序摆放。必须安排好储物空间并保持清洁与整齐，不要让各类用具、装置、器皿等使厨房变得杂乱无章。厨房里的食物柜、层架与工作桌面尽量多安装圆角，确保使用时人的安全；水龙头要随时维修良好，并经常保持下水道畅通。厨房井井有条则显示出主人持家有道，未来家庭成员事业兴旺、家庭美满幸福，自然是顺理成章的事情。

（3）厨房装修时既要美观又要卫生。厨房中吊橱的顶部、墙的转角处、水池的下面等部位,这些是平时视力所难及之处。在厨房装修时,往往被人们忽视。所以,在厨房装修时,尽可能设计为封闭式柜体。让吊橱封到顶,煤气柜、水池下部也最好落地封实。这样不但利用了空间,节省了材料,而且也避免了死角。既不会藏污纳垢,同时也使厨房显得既美观又卫生。

(4)厨房要呈现明亮温馨的色彩。厨房色彩,原则上可根据家人的兴趣与爱好而确定。一般来说,浅淡而明亮的色彩,纯度较低的色彩,色相偏暖的色彩,可使厨房显得宽敞,显得温馨、亲切、和谐,使空间气氛活泼、热情,具有增强食欲之功效。

总而言之,厨房环境空间营造总的原则是:天花板、墙壁上端,宜使用明亮色彩;而墙壁下部,尤其是地面宜使用相对深一点的颜色,从而使居住者自然产生室内重心稳定的感觉。

4. 关于厨房照明的选择

厨房应该保持明亮、清洁与干燥,最好的、科学的设计是常年有天然光线。有阳光入内照射,即使每天只有一段时间,也可清新空气并且有除菌的功效。如果厨房由于先天的因素而较为黑暗,在这种情况下,一定要使厨房的照明做得更加完善才行;而灶台须配备一个如天然气的明火炉具,来达到兴旺厨房、愉悦心情的功效。厨房照明,应该在基本照明的基础上,设置局部照明。不论是工作台面、清洗台面,还是炉灶上面、储藏柜内,最好要有灯光照射,使每一个工作程序在任何情况下都不产生阴影,以免出现意外事故。由于厨房蒸汽多且潮湿,因此厨房灯具的造型应该尽量简洁明了,以便于擦洗。此外,为了安全起见,灯具要用瓷灯头和安全插座,开关内部要防锈,灯具的皮线不宜过长,更不能出现暴露接头的危险情况。

5. 关于厨房的植物选择

任何厨房,不论空间大小,都应该至少摆上一些植物。这是因为家庭主人每天要使用很多时间在厨房里工作;而且厨房的环境温度、湿度也非常适合大部分的植物生长,这显然有利于主人的身心健康。厨房通常位于朝北的房间,窗户较少。使用盆栽装饰具有消除寒冷之感的功效。由于阳光相对偏少,建议选择喜阴生长的植物,而吊挂盆栽则较为适宜,其中以吊兰为佳。厨房内摆上一盆吊兰,在一天24小时内可将室内的一氧化碳、二氧化碳、二氧化硫、氮氧化物等有害气体吸收干净,起到过滤空气的作用;在疾病的预防上,从中医的理论上讲,吊兰具有活血接骨、养阴清热、润肺止咳、消肿解毒的功能。但是,厨房是操作频繁的工作空间,烟气和湿度都相对较大,因此不宜放置大型盆栽,以免妨碍主人操作的顺利进行。

(二)餐厅功能设计

"民以食为天"的说法充分说明人们对吃饭的重视程度。而且从"生命"的角度看,餐厅是补充人体能量的场所,与户主及其成员的关系自然十分密切。因此布局良好的餐厅能让人产生舒心愉悦的气氛,使用餐者精神放松,欣赏喜爱的食物,还会有益于用餐者的有效交流与家庭成员之间的和谐相处。

1. 关于餐厅的位置与布局

餐厅和厨房的位置一定要相邻，尤其避免距离过远，最好是一出厨房就是餐厅。但餐厅不宜设在厨房之中，这是因为厨房内油烟及其热气、燥音都较大，在其中无法轻松愉快地用餐。餐厅必须根据其方位及其内部构造具体进行布置，才能创造出良好的用餐环境。餐厅布局方面，在条件允许的情况下，建议考虑以下几个方面的问题。

（1）住宅的东部、东南方向作为餐厅，日照光线充足，太阳早晨自东方升起，具备浓厚的生机和活力，因此是早餐最好的位置。而且由于南面光线充足，可令家人有一种如火般腾腾升起，日益兴旺的思想感情。

（2）冰箱可以摆在厨房内，也可以摆在餐厅。如果是在餐厅内放置冰箱，最好是不宜朝南，朝东、朝西、朝北三个方向均可。这是因为朝南放置时，冰箱可能会受到太阳的直晒或高温的正面烘烤，影响制冷效果以及冰箱寿命。

（3）条件允许的家庭，餐厅的位置可随四季而变化。春秋冬季以东方为好，而夏季以北方为佳。在进食区里的重点是保持整洁以维持食物卫生，同时也要制造轻松的进食气氛，令消化良好，而且有愉悦的环境。

（4）餐厅的布置要求简洁明了，不宜摆放太多物品以至过于杂乱。居住者不仅要注意餐厅的格局及摆设布置，而且更应注意保持空气的流通及清洁卫生。

2. 关于餐厅的装修问题

餐厅在装修时，应该注意以下几个方面的问题。

（1）合理选择墙壁的颜色

墙壁的颜色应以素雅为主，最好是白色，但不能太刺眼，不能使用反光材料，这种安排就是为了衬托食物的美感与增加用餐者进食消化的效果。

（2）精心做好壁画的选择

餐厅的墙壁上最好选择为轻松进食提供和谐背景的图画。赏心悦目的食品写生、欢宴场景或意境悠闲的风景画均可被多数人认为是好的选择。

（3）认真考察照明的布置

餐厅的灯光一定要较为柔和，有利于增加用餐的温馨气氛，引导家庭成员之间的感情交流。餐厅的灯最好以白炽灯为主。吃饭时使用低亮度灯光会感觉温馨、浪漫而舒适。

3. 关于餐桌的选择问题

餐厅中，最重要的家具就是餐桌，而现代的餐桌与古代相比，有了较大的变化。因为现代的餐桌普遍体量较大而且沉重，将就餐者聚集在一起，做共同进餐之用。因此餐桌的选择对家庭团圆、夫妻和睦、家庭成员的事业成就影响很大，对此我们应以高度重视。

关于餐桌选择应注意的问题。

（1）餐桌宜选圆形或方形。传统的圆形餐桌，形如满月，象征一家团圆，亲密无间，而且聚拢人气，能够很好地烘托用餐的气氛，早已深入人心；方形餐桌，大的可坐八人，又称八仙桌，因它象征八仙聚会，很受欢迎，方正平稳，象征公平与稳重，虽然四边有角，但为圆角，因此人们乐于采用。

（2）餐桌的质地要讲究。由于餐桌的形状会直接影响家人进膳的气氛，所以木制的椭圆形或长方形桌目前在大多数家庭中较为常用。餐桌表面以干净舒适和容易清理为原则，大理石与玻璃等桌面较为坚硬、冰冷，艺术感较强，但因其容易迅速吸收人体热量，不利于就餐者的座谈交流，因此不宜全部用于正餐桌，尤其是北方地区在深秋、冬季以及初春时节。

（3）餐桌不宜留有尖角。尖角角度愈小便愈尖锐，杀伤力也越大，从日常生活的角度最好不取。人们也普遍认为三角形餐桌不方便摆放；波浪形餐桌，虽与传统不符，但因并无尖角，因此尚可勉强选用。总而言之，餐桌始终以圆形及方形或长方形最为适宜。

（4）餐桌的大小要适宜。有些人喜欢豪华气派，专门选购大形餐桌，但必须注意餐桌与餐厅的大小比例。如果餐厅面积并不宽敞，却摆放大形餐桌，形成厅小台大，导致出入不便，家人难以交流。这种情况下，最好是选择大小合适的餐桌。务求餐厅与餐桌的大小比例适中，这不单出入方便，而且对用餐人在餐厅内的有效交流亦大有益处。

（5）餐桌不宜与门路直对。我们的日常生活中有"喜回旋忌直冲"的说法。这是因为若餐桌与大门成一直线，站在门外便可以看见一家大小在吃饭，便会让人心情不爽。如遇此种情况，最好是把餐桌移开。如果确无可移之处，那就应该放置屏风或板墙作为遮挡，这既可免除大门直冲餐桌，而且一家同桌共食也不会因被人干扰而影响用餐情绪。同样的道理，餐桌也不宜被厕所门直冲。

（6）餐桌上之屋顶宜平整无缺。若有横梁压顶，或位于楼梯下，或屋顶倾斜，这均会影响家人进餐情绪。横梁压顶应尽量避免，宅内不管哪个地方有横梁压顶均不可能使人心情舒畅，而尤以压在睡床、沙发、餐桌及炉灶之上的压抑感最大最明显，我们必须尽量设法避免。若餐桌上面有横梁压顶，则可作吊顶进行掩盖；最好的办法还是调整餐桌的位置。

（7）餐桌之上不宜用蜡烛形灯。有些吊灯由几支蜡烛形的灯管组成，虽然设计新颖，看上去也比较美观。但若把它悬挂在餐桌之上，家人会有一种蜡烛会随时流下来的担心，严重影响用餐心情。另外像螺丝灯管之类的最好也不宜安置在餐桌之上方。

4. 酒柜的装饰与布置

对于许多家庭来说，酒柜也是新房的餐厅中一道不可或缺的风景线，它陈列的不同美酒，可令餐厅平添华丽色彩。酒柜大多高而长，许多人认为：这是山的象征；矮而平的餐桌则是砂水的象征。在餐厅中似乎有山有水，可谓配合得宜。这对家庭成员畅快交流、健康成长大有裨益。

在餐厅摆放酒柜有以下几点值得注意：

（1）酒柜多是既高而又晶莹通透，似一座山的象征，应把它放在主人心情舒畅、感觉良好的位置上。

（2）一般的酒柜均用镜片来作背板，但酒柜中的镜片大小要适宜，这令酒柜中的美酒及水晶酒杯显得更明亮通透；如果镜片太大或太小，在视觉方面便会引起诸多不便。

（3）酒柜旁边不宜摆放鱼缸。酒柜是水气重的家具，而鱼缸又多水，二者的本质很相近。若是将两者摆放在一起，有可能会导致用餐者行动不方便，尤其是用餐者饮酒后可能出现身体摇晃之势，不利于家庭成员的身体安全与和睦相处。

5. 关于餐厅植物的选择与摆放

餐厅是家人团聚的地方，而且位置靠近厨房。配置一些开放着艳丽花朵的盆栽，可以增添欢快的气氛。现代人尤其注重用餐区域的清洁卫生，因此，我们所选择的植物最好是无菌的栽培植物。餐厅植物的选择与摆放最好是：植物的生长状况应良好，形状低矮，这样不会妨碍相对而坐的人进行交流、谈话。在餐厅里，要避免摆设气味过于较浓的植物，以免影响人们在交流时的心情。

厨房与餐厅是一个家庭中、一套住宅中最重要、最核心的场所之一。它的布局是否科学合理，将直接关系到每一个家庭成员的身心健康，关系到家庭成员的美满和睦与事业兴旺。然而在现实生活中，一些生活经验相对缺少的年轻人，也许认为没有必要有这么多讲究，更有甚者，认为这是迷信。然而，稍有科学常识的人，都会明白这样一个事实，这就是世间中的每一种物质，都是以两种形式之一而存在，一种是我们看得见的，另一种则是我们看不见的，例如磁场。我们绝对不能认为，仅仅是因为我们的力所不能及而否认这一类事物的存在。而且迄今为止，自然界中的许多物质及其运行规律我们依旧知之甚少。但是，我们务必不可忽视这种现象，每一种物体周围都有一种磁场，这种磁场在中医理论上称之为"气"场，简称为"气"。无数科学实践证明，我们应该顺"气"自然。只有这样，才能自然实现人兴、家兴、事业兴。因此，我们在购买或装修房屋时，一定要仔细研究、认真观察、反复考量，充分调研、综合应用我们平时所积累的生活与科学知识，在深入观察、分析的基础上，作出比较切合实际的、合理的、准确的、科学的选择和判断。

三、卧室空间功能的设计需求及设计原则

现代住宅的发展，小家庭的组建，人们心理上的要求，希望卧室具有私密性、蔽光性，配套洗浴，舒适性，与住宅内其他房间分隔开来。卧室可能是整套房子中最私密的空间，你可以完全根据自己的想法来设计，不必去考虑别人的看法。纯粹的卧室是睡眠和更衣的房间，但更是一个完全属于主人放松自己的房间，在这里读书、上网、听音乐等等，当你需要一个心情完全放松的地方你就可以想到去卧室。所以，设计卧室时首先应当考虑的是让你感到舒适、轻松和安静。

（一）卧室装饰的基本原则

软装饰由于要涉及多种物品、多种材质，各种物品、材质之间的色彩、形状，多少的搭配与呼应就成为让许多人头痛的问题。其实这个相当专业化的难题完全可以简化处理，那就是要把握"大处着眼"的原则，只要注意大色块的谐调和主导风格的统一，那么即使有一些小的局部不太理想，也无碍大局。欧式的美化装饰应有一个整体构思，即从卧室的功能出发，以功能的充分发挥来美化和装饰。卧室大致可分主卧、次卧和卧室兼书房三种类型的。卧室的色彩，应当根据卧室的功能以及主人的色彩爱好进行设计，一般来说，应以轻松、舒适、温馨的色调为主。卧室是各居室中最具私密性的房间，属于主人的秘密场

所。在设计布置卧室时完全根据自己喜欢的色彩及方式，充分满足自己的意愿和感觉。

（二）卧室空间色彩设计

（1）形式和色彩，服从功能充分考虑功能要求室内色彩主要应满足功能和精神要求，目的在于使人们感到舒适。

（2）力求符合空间构图需要室内色彩配置必须符合空间构图原则。充分发挥室内色彩对空间的美化作用，正确处理协调和对比、统一与变化、主体与背景的关系。此外，室内色彩设计要体现稳定感、韵律感和节奏感。

（3）利用室内色彩，改善空间效果充分利用色彩的物理性能和色彩对人心理的影响。

现代社会中，色彩设计正在越来越多的领域里发挥着自己重要的作用。从城市建筑到日常生活，色彩的参与无处不在，我所设计的现代卧室主要运用了淡黄色。它的色彩比较时尚、温馨、现代，适合大多数青年人的年龄、个性和爱好等等。时尚和温馨是每个青年人所希望的，他们需要紧追时髦。由于居住主体的不同，配色又不尽相同，作为主卧室，主调应以温馨、时尚为主，地面宜用木地板。不排除在双方审美观相同的情况下采取特定风格配色的可能。在卧室的设计中，采用淡的色调会充分将这种时尚的元素展现出来。

（三）卧室材料的使用

室内设计材料使用的模糊观念在不少室内设计工程项目中出现盲目使用高档材料的倾向。有的人自知设计没有什么新鲜内容，便用大量高级材料去掩盖设计上的缺陷，这也是当前设计创作中有代表性的倾向。卧室应选择吸音性、隔音性好的装饰材料，触感柔细美观的布贴，具有保温、吸音功能的地毯都是卧室的理想之选。大理石、花岗石、地砖等较为冷硬的材料都不太适合卧室使用。所以说室内设计的各种意图，必须通过材料的合理运用来完成对于高级装饰、装修材料的使用，应重点突出，体现高材精用的原则。

（四）卧室灯光的使用

卧室要求的照明要求不多，但需要注意的是：卧室不宜采用向下射的灯具，宜用照顶的灯光。卧室的光源色调应尽量柔和，设计要考虑宁静稳重或是浪漫舒适的强调，创造一个完全属于个人的温馨环境，追求的是功能、形式的完美统一及优雅独特、简洁明快的设计风格。卧室房间里面，通过灯光营造柔和的氛围。卧室里面，通过灯光的照明，强调一种氛围的聚拢性。

（五）卧室内家具的使用

首先，卧室家具的选择应考虑到卧室的面积、形状、格局、人中数量及卧室的朝向等方面的因素，然后根据实用的目的来选择家具的种类和款式。卧室中最主要的功能区域是睡眠区。这个区域的主要家具是床和床头柜，并且要设置照明良好的床头局部照明光源，使之能满足床头阅读的需要。睡床的摆放要讲求合理性和科学性。卧室家具的款式、型、色、尺适中和合理的室外内布置和总体效果会给千万户主献上美好的享受，使身心产生轻盈、活泼、健康的感觉。

（六）卧室功能的划分

卧室根据其户型大小分为小卧室和大卧室，针对不同的户型，我们应当作出不同的设计。

1. 小卧室

小卧室大设计开拓私人空间，现代的卧室风格追求的是宽敞、舒适，但是即使卧室面积不是很大，你也一样可以把它装扮得很可爱。经过了一天的劳累，身体需要得到完全的放松和休息，人们希望卧室带给他们的不仅仅是睡眠，还应具备安全感。在这一点上，小型卧室就绝对有不可替代的优势，一个完美的卧室带给主人的是那种就像睡在蚕茧内一样的舒适及安全感。在设计小户型的过程中，我们要做到简化布置、舒适第一、镜子妙用。上述这些准备完毕后，下班后疲倦的你就可以享有如蚕宝宝一样舒适的休息环境了。

2. 大卧室

在有实力的情况下，今天的大多数购房者更喜欢选择大卧室。其实卧室大并不一定会让人睡得舒服，人休息的空间应该是给人安全感的环境。任何人都不会在 $60m^2$ 的大房间里只放一张床，所以大卧室要达到理想的舒适感，需要通过多种装饰因素和装修手段完成。通过功能划分，使生活、休息、休闲娱乐甚至办公、就餐能在一个区域里完成并不是最重要的。重要的是这些区域的活动可以互不干扰，并在色调温馨、柔和，使人有舒适和放松感的氛围下进行。

（七）卧室内绿化使用

室内设计中盆栽植物以及小物品布置是点缀室内环境的重要手段。利用盆景和精品的小品布置可以沟通卧室内外环境，对于美化空间以及调整空间布置均起着积极作用，床边放一盏高高的落地灯或一盆高大的绿色植物是很不错的。卧室是人们休息睡眠的地方，植物有夜间吐出氧气、吸收二氧化碳的作用，是改善卧室空气状况的最佳选择，也是卧室绿化的"骨干"。在卧室内床头置一盆植物，卧室即成了一个舒适的"天然氧吧"。

（八）卧室墙面装饰

室内视觉范围中，墙面和人的视线垂直，处于最为明显的地位，同时墙体是人们经常接触的部位，所以墙面的装饰对于室内设计具有十分重要的意义，要满足以下设计原则：进行墙面装饰时，要充分考虑与其他部位以及室内家具的统一，要使墙面和整个空间成为统一的整体。墙面在室内空间中面积较大，地位较主要，要求也较高，是构成卧室装饰效果的重要部分，在室内整个空间里，墙面的装饰效果、色彩分隔以及艺术性对于调节整个室内环境有重要的作用，对于心里感觉上的温馨感以及舒适感具有重要的意义。墙面的装饰形式的选择要根据上述原则而定，形式大致有以下几种：抹灰装饰、贴面装饰、涂刷装饰、卷材装饰。涂刷装饰具有安全、环保的功能。采用的涂料需要纯环保标准级别的，超低 VOC、零甲醛、净味等，同时还要具备易擦洗、防霉、防湿等优异性能，这一类的产品在卧室中应用得较广泛。

四、门厅、玄关的设计本需求及设计原则

现代家庭无论空间的大小，都会布置一个玄关，它对住宅空间的完整性、隐秘性等都有很大的益处，是住宅中不可缺少的区域。玄关是入户门进入室内的第一个空间区域，从这里可以进出室内各个房间。居住者从外面回到家里，衣服、鞋帽难免会沾染一些污物、病菌等，可以在玄关内换衣、换鞋，对家庭的健康大有好处。玄关是家庭接送客人空间，对于一般关系的客人或配送物品的人员的谈话、交往都发生在这里，外人不会看到家里的情况，保护家人的隐私。

（一）玄关在室内整体空间中的功能和作用

对于室内的整体设计而言，玄关有着启动全局风格的作用。

1.缓冲视线并间隔空间

玄关位于现代家居住宅的入口处，是从户外到室内的一个过渡空间。进入这个空间，能立刻感觉到室外的喧杂浮华与室内的宁静自在，是两种截然不同的空间感受。人在视觉上，心理上都需要有一个缓冲的过程，以适应这两种不同状态之间的转换。因此转过玄关才能看清客厅的全貌，更会使人有一种"柳暗花明又一村"的视觉享受。但如果客厅与玄关连为一体，中间又毫无阻拦的话，客人一进门便对客厅的情况一目了然，这会令主、客在心理转化过程中缺乏必要的缓冲，使得双方都感到很唐突，主人感觉缺少隐私性，客人会感觉很冒失。所以最好能在客厅与玄关中间安设一个隔断，除了起到一定的装饰美观功能外，还便于客人来访时，能使主人有个心理准备的作用。我们除了最常采用的屏风，展示柜等，也可以做面装饰墙的形式，在墙面上做一些具有形式感的凹槽，摆放工艺品。至于色彩、造型、材质可以不拘一格，但一定要和整体装饰风格相协调。

2.储物收纳

充分利用居室空间是装修设计的首要内容。玄关不仅是一个装饰，还应有一定的实用性。现代家居中玄关最重要的任务是为主人进出门的准备工作提供服务，玄关在使用功能上，可以用来作为客人到访时简单接待、接受信件的地方，也可是方便主人放置钥匙，手机等小物品的平台，同时还是供主人出门时整理衣装，换鞋、搁包的过渡空间。

（二）设计适合自家的个性化玄关

玄关虽小，但其中设计乐趣无穷，为了避免设计出千人一面的玄关，我们只要稍加留心，就能设计出一个自己喜欢又适合自家的个性化玄关。

1.玄关的设计形式

玄关的设计形式最常见的可以分为四种。根据每家每户的特殊需求与实际情况选择合适的设计形式。

（1）全隔断玄关设计

全隔断玄关设计通常是由地及顶，常用的是采用裂纹玻璃、喷砂玻璃等通透的材料，

保持空间的完整性，增加采光，减少压抑感；或者是利用带有不同风格和图案的透空木栅栏作为隔断，既能表现出古朴雅致的风韵，又能在空间产生通透的作用。

（2）柜架式玄关设计

顾名思义，柜架式玄关，就是半柜半架式，或者是上架下柜式，一般就是上部以通透的格架或玻璃装饰，下部采用柜体，达到美观实用、装饰与功能并举的目的。或用不规则手段，虚、实、散互相融合，以镜面、挑空和贯通等多种艺术形式进行综合设计，以达到美化与实用并举的目的。

（3）低柜式隔断设计

所谓低柜式隔断，是以低形矮台来限定空间，在设计玄关时要考虑到主人换衣换鞋的需求，以低柜与家具做隔断，既可储藏一些物品，又能起到划分空间的作用，但这种形式要充分考虑家具的造型尺度，以及与周围环境的协调性。

（4）半敞半蔽式设计

是以隔断下部为完全遮蔽式设计。隔断两侧隐蔽无法通透，上端敞开，贯通彼此相连的天花顶棚。通过线条的凹凸变化、墙面挂置壁饰或采用浮雕等装饰物的布置，从而达到浓厚的艺术效果。

2. 玄关的墙面设计

玄关空间中和人的视线最靠近的往往是玄关的墙面，通常只作为背景烘托，一般在设计的时候，我们会选择一块主墙面加以重点刻画，或者以水彩，或用古典壁式，或刷浅色的乳胶漆，使空间的形式语言更加丰富，墙面的刻画重在点缀，色彩不宜过多。常用的材料有墙纸、乳胶漆、金属等。墙纸就像是家居墙面的礼服，可以让整个家充满生动活泼的表情。墙面的色调往往是视线的最先接触点，不同颜色的墙面总能给人带来不同的心理感受。至于墙面的色彩，最好采用中性偏暖的色系为宜，在心理上能让人格外感觉到家的温馨、家的包容。

3. 通过天花与地面来创设玄关

玄关的空间面积不大，很容易使人产生压抑感。但是通过玄关的吊顶装饰配合，可以在视觉上改变玄关的空间比例和尺度。只要精心的设计，玄关天花就能成为具有表现力的室内一景，它可以是自由流畅的曲线，也可以是层次分明，凹凸变化的几何体，甚至可以是大胆露骨的木龙骨，上面悬挂点点绿意。装饰材料可以是石膏类、人工吸声材料类、木质类等。玄关和客厅连为一体，可以通过地面的不同材料来区分这两各个功能区。比如客厅铺木地板，玄关可铺瓷砖和大理石。如果想突出玄关的特殊地位，可以将玄关的地面抬高，在与客厅连接处形成一个小坡面，这样的玄关会显得与众不同。

4. 通过装饰物创设个性化玄关

个性化生活赋予玄关独特的个人魅力。在玄关设计过程中，不仅要考虑功能性，装饰性也不能忽视。想要装饰出具有独特气氛的玄关空间，我们可以从整体室内风格中借鉴一些装饰元素。例如家中是乡村田园风格的设计，同样可以买一个充满田园气息的鞋柜，上面可以放上花瓶和装饰画等，既美观又实用。

5.通过绿化点缀创设玄关

玄关是开门后给客人第一印象的重要场所，也是家人来回进出的必经之地，摆放植物不仅可以改善室内环境，还增添了生气，但要注意植物的布局，不适合放置过多的植物，否则，既阻塞道路，也容易碰伤植物。如果门厅面积较大，可以多配置一些，点到为止。小巧玲珑的绿色植物，会给人明朗的感觉，在适当的位置摆放一只精美的花瓶，插上几束干树枝或是一些鲜花，能使玄关增添一份灵气和趣味。利用天花板悬挂吊兰也是很好的选择；或是摆放一盆细心呵护的君子兰，都能从不同角度体现主人的品位和修养。注重个性的人利用一些竹子点缀装饰，会让人感觉把大自然带回了家；一些看似平凡的枯枝茅草的摆设，也可让玄关充满禅意。

6.通过照明设计创设玄关

在设计玄关的灯光时，应考虑到玄关区域一般没有直接采光的窗户，想要利用外界自然光的介入来提高区间的光感是很难的，必须需要有足够的人工照明。通常使用的是白炽灯、吸顶灯、壁灯和射灯。为达到使用合理的灯光设计来烘托玄关明朗，温暖的氛围，笔者认为一般在玄关处可配置较大的吊灯或吸顶灯做主灯，不宜采用日光灯，喜欢个性设计的朋友可以找一个造型独特的壁灯，配在空白稍大的墙壁上，既可装饰，又能照明，一举两得，明亮柔和的灯光会给人精神焕发、亲切友好的印象；也可以采用一些光线朝上射的小型地灯作为点缀，配合上周围的环境，更能烘托出独特的艺术氛围。

总而言之，玄关作为现代家居中进入居室的第一道风景线，在整个家居设计过程中有着不能忽视的重要性，虽然它的面积不大，却对整个居室的风格起着至关重要的作用，很多细微的设计要素对最后居室效果的影响至关重要，结合文中所述几点，只要下点功夫，就能设计出适合自家的个性化玄关，或简单大方，或豪华夸张。我们要认真对待每一个细节，做到尽善尽美。

第二节 储藏空间、书房、老人儿童房设计要点

一、储藏空间的设计需求及设计原则

近年来，为追求生活质量的提升，住宅面积越来越大，档次也越来越高，三室两厅、四室两厅比比皆是，有的两室户也配有两个卫生间。各空间的面积都有增大的趋势，起居厅，面积都在 20—30m^2 左右，有的甚至达 40m^2；主卧也出现向 20m^2 拓展的趋势。除了关注环境外，无论开发商、设计者还是住户，目光主要聚焦在户总面积、平面布局、主要空间的位置、面积以及厨卫间的使用便捷性上，很少关注贮藏空间。户型使用面积不断扩大的同时，唯独对贮藏空间的关注十分吝啬。

（一）储藏空间的缺失

国外住宅内部都设有逐层空间，壁橱、贮藏间、衣帽间代替一部分立柜等家具，空间

简洁宽敞。购买新房或搬家时，只需将自己的物品装箱带走，无须将沉重的衣橱挪来挪去。我国大部分地区四季分明，季节性生活必需品较多，各季的衣服鞋帽，还有冬天的被子、夏天的席子、电风扇等；日常用的箱、包，以及熨衣板。小扶梯等各类工具等更是不胜枚举；当然还有许多不忍遗弃的岁月记忆的见证物，零零碎碎的东西，都需要有空间置放。这些居家生活都能碰得到的小问题，在设计中却被忽略了。

目前我国中大户型住宅，有的在不好利用的拐角处弄点"边角料"作为储藏间，随遇而安，不顾其实用性，只顾存在性；更多的住宅则不设储藏空间。对于小户型住宅，由于受限较多，更与储物间无缘。

缺少储藏空间，但这种需求又实实在在存在着，住户只好把目光投向其他空间。为保持室内的美观整洁，有一定视觉遮蔽的阳台自然成为储物的好去处。不常用的物件直接堆放于阳台，也有在阳台两侧做高储物柜或沿阳台栏板作底柜来解决储藏问题。这样一来，阳台空间缩水，变为部分储藏空间。也有将杂物置于窗外防盗网内，既妨碍观瞻又易淋雨、积尘。一部分住户将公共楼梯间作为储物处，影响交通、疏散、环境卫生，还易引发邻里矛盾。因此，一套住宅有足量的厅、卧室、厨卫间和阳台，还远远谈不上舒适。舒适的家居还应有足够的储物空间。

（二）储藏空间的设计原则

一般住宅面积越大，设计受限越少，构思发挥余地也越多，但大面积住宅的设计绝不单单是对以往小面积户型每个基本生活空间的简单机械的放大，而应是使用空间和辅助空间的功能的更加具体、细化，其中很重要的辅助空间就是储藏空间。"住宅建筑设计标准"规定，每户住宅都应有储存空间。从对大多数住户的调查来看，都希望能有杂物储藏空间。

住宅空间非常珍贵，可谓"寸土寸金"。最有效的储藏结构是在不耗费更多空间的情况下最大限度的扩大储藏能力，恰当的形式或组合可以节约空间且实用整洁。储藏室需根据居室的户型、面积、空间、结构来做整体布局。同时由于生活中需储存的物品种类较多、规格不等、使用频率不一，储藏室宜与其他空间相结合，分类分区成若干小空间，分散储藏。储藏设施的分门别类和设置数量，也是衡量住宅档次的标准之一。另外还应根据户型的大小面积适当配备，两室以上的户型，一般需具备专用储藏间。户型面积在150以上的，应配有5—6个储藏空间，包括步入式衣帽间和杂物间等。

（三）储藏间的类型设计

1. 与楼梯间结合

加大楼梯间进深，在尽端部分作900×2400的储藏间，一梯两户类型每户可多得900×1200的储物空间。其门可在两个方向开启。在此可形成一个小玄关，避免进户门直接对厅开启的普遍做法。按《辞海》解释，玄关多指住宅分户门内侧小空间，是户内外空间的过渡的缓冲，室内的一切掩藏在玄关之后，阻挡外部视线，增加私密性。

与作为居室第一通道的玄关结合，安排鞋柜、衣帽架、搁板、柜子、镜子、座位等等，收藏厢包以及常用物品。鞋柜可为隐蔽式，柜子可带多个抽屉；也可做成嵌入式衣帽间，这个空间可方便换鞋、外套等，也利于手套、钥匙等小物件的存放。同时还可兼顾整理妆容。浓墨淡彩的玄关最能展示家庭个性。在此玄关在一定程度上起到储存的作用。

2. 与卧室结合

储藏的物品是决定储藏室内分隔的关键。与卧室结合设计，根据实际需要主要储藏各类季节性床上用品，当然还有其他杂物等，主要有下列做法：

（1）通过式储衣间

这种做法适合较大进深的套型。主卧通过储衣间进入卫生间，储衣间和卫生间放置在非直接采光位置，有效利用大进深空间。储藏室一般设计成可进入式"II"形。

（2）附着式储衣间

主卧室同时带有卫生间和储衣间。将卧室细化设计，卧、储、更衣、卫浴一体化，紧凑而实用，避免大而空的设计。为了增加储藏量，储藏室一般设计成"U"形、"II"形或"L"形柜。根据面积大小设计成可进入和或进入两种形式。

（3）半预留式储物空间

在平面中预留出储藏空间的位置，由住户根据具体需要结合装修完成。进深大时可设成双层，外侧挂衣物，内侧设组合格架势。一般衣帽间分为挂放区、叠放区、内衣区、鞋袜区和被褥区。如果空间允许，还可以在门的背后安置一面穿衣镜。各区应按衣物尺寸而设计，大衣保证1.5m的垂直空间，西服、套装、上衣保证1.2m的垂直空间，裤架需要0.7m的高度，鞋柜宽宜0.5m。储藏室墙面宜选用柔性贴面材料；地面可铺地板或地毯，保持储藏空间的干净不起尘；柜顶可装灯增加照明度，减少潮湿性。

3. 与其他空间结合

储物空间与厨房结合设计，利用整体橱柜进行综合布局，包容所有厨房内物品。与卫生间结合设计，利用盥洗台柜、浴柜以及各种吊架存放卫生间所需物品。对于小面积住宅，需细化设计、推敲到每个部位，恰当利用室内凹部转角处、窗下等部位设置壁柜、吊柜等，面积不大却解决储藏的大问题。对于中等面积住宅，由于目前存在盲目追求双卫的倾向，使卫生间偏大，第五次人口普查结果显示，我国家庭平均人口为3.6人，加之中国家庭重亲情，父母与孩子共用卫生间无不适感，因此可在满足卫生空间需求的情况下，只设一个卫生间，将另一个卫生空间留予储藏间。对于大面积户型，须有单独的可步入杂物间，设计应与居室其他空间一并考虑，同等对待。

4. 利用半地下室

住宅楼下设半地下室作为储藏空间。增加住户的可利用空间，存放自行车等一般不需搬上楼的物品。半地下室层高可做到2.2m，对外留0.3m高的小窗通风、采光。相应底层地面变成二层楼面，克服传统一层潮湿、阴暗的弊病。还可减少回填，方便施工。此种做法比较适宜多层住宅。

居住质量的提高，意味着生活的改善和社会的进步。随着住房条件的进一步改善，看似不显眼的隐藏空间，成为时尚家居的一个重要元素。在不同的地点设不同形式的储物柜、壁橱等，使室内整齐、便捷、美观。住宅的耐用性，使其容易落后于社会的发展。因此，设计需要实用、适用并有一定的超前性，需以人为本、以生活实际需求为主，注重实际调查，注重细部的研究设计。

二、书房、工作室空间的基本需求及设计原则

（一）书房的设计原则

书房的设计原则有两点：一是营造氛围，二是提高生活效率。书房的氛围就是"书香天地"，这是书房有别于其他房间之处。宁静的空间，与书为伴，墨香飘飘，进入了这个地方就能静下心来，专心读书、工作。书房的效率就是能够在这里顺利地进行学习和工作，尤其是对书房有依赖的文化工作者，各种工作需要不同的工作条件，在这里应该甚至比在单位有更好的工作条件。因为这里是无人打扰的专用空间。

（二）书房的设计要求

1. 营造恰当的书房环境心理

书房环境心理可以概括为：

（1）自我性

书房是家庭中的自我色彩比较浓的地方，可以适当彰显个性。

（2）专业性

符合主人的专业工作要求。各种功能的满足必须达到专业的程度。

（3）随意性

在这里可以做很多事情。

（4）方便性

工具及工具书的放置要符合使用要求，经常用的物品要伸手可及。

（5）文化性

书房是满足精神需求的空间，应当有浓郁的文化氛围。

（6）形象性

对需要经常接待客人的书房或家庭工作室，品位很重要，它是主人专业水准的体现，其设计应能体现主人的形象。

2. 营造书房应有的氛围

书房应有的氛围可以用四个关键词来表述：明亮、安静、雅致、有序。

（1）明亮

明亮是书房和家庭工作室应有的感觉。书房作为读书写字的场所，对于照明和采光的要求很高，因为人眼在过于强和弱的光线中工作，都会对视力产生很大的影响，所以写字台最好放置在阳光充足但不直射的窗边。这样，在工作疲倦时还可凭窗远眺休息眼睛。书房内一定要设有台灯，书柜配射灯，便于阅读和查找书籍。但应该注意台灯要光线均匀地照射在读书写字的区域，不宜离人太近，以免强光刺眼。

（2）安静

安静是修身养性之必需，对于书房来讲十分必要，因为人在嘈杂的环境中的工作效率要比在安静的环境中的低得多。所以书房装饰装修要选用那些隔声、吸声效果好的材料。顶棚可采用吸声石膏板吊顶，墙壁可采用PVC吸声板或软包装饰布等装饰，地面可采用吸声效果佳的地毯。窗帘要选择较厚的材料，以阻隔窗外的噪声。

（3）雅致

清新淡雅可以怡情。在书房装饰装修设计中，应将主人的情趣充分融入，一件艺术收藏品，几幅主人钟爱的绘画或照片或亲手写就的墨宝，哪怕是几个古朴简单的工艺品，都可以为书房增添几分淡雅和清新。

（4）有序

有序是工作效率的保证。书房，顾名思义是藏书、读书的房间。书一般可分为几类：随时要看的、经常需要查阅的、偶尔翻一下的、基本不看只用来收藏的，对不同的书的存放位置应予以适当的区分。随时要看的书放在写字台旁边的书写工作区；经常要查阅的书放在写字台附近的书柜；偶尔翻一下的书、基本不看的书放在书柜上下格的储存区。这样不仅书房井然有序，还可提高工作效率。

3. 提高工作效率

书房是家庭工作的专用空间，因此也有提高效率的问题。如何提高工作效率？书房的位置选择和内部布局很重要。一定要根据工作的性质和需要来安排，要使工作能够有序、专业地开展。特别是那些不是以写为主的工作，如绘画、音乐制作、裁剪、科技发明、小制作、陶艺制作等，需要比较大的工作面和特殊的工作台。同时，还需要注意减少外来因素干扰对书房的影响。例如，如果进入其他房间需要穿越书房，自然会影响工作效率。

4. 针对设立书房的动机提出设计方案

这里有必要讨论一下设立书房的动机。因为书房对于不同的人来说地位大不相同。对有些人来讲书房是可有可无的，而对另一些人来讲，书房是必不可少的，甚至还是拿出最好的房间作为书房。对设计师而言，弄清业主在家庭中设立书房的动机，就可以设计出符合其需要的书房。设立书房常见的动机有：

（1）随大流溜的应景之作

对一些家庭来讲，书房并不是十分重要，虽然安排一个独立的房间作为书房，但这个房间往往是朝向不好、面积较小的房间，同时书房也作为家中的应急的房间。但不管怎样，家里有了书房毕竟增加了配置，提高了品位。

（2）营造一个书香园地

一些知识分子家庭，对书房会特别关注。会做一大排书柜，把多年积累的书刊有序地摆放起来，有一张有品位的写字台。有一把舒适的椅子，旁边有台电脑，墙上有一副墨宝。不求大，但求雅。

（3）办公室的延伸

现在很多业主都是单位的骨干，工作非常忙碌，单位里做不完的事，自然带回家里继续做。所以书房成了办公室的延伸。

（4）为孩子提供好的读书环境

望子成龙，望女成凤是绝大多数父母的心愿，因此，只要条件许可，一定要给孩子准备一间学习的房间。

（5）商务会客

对于一个交友广、商务活动频繁的成功人士来说，在家里接待商业客人的事情并不少见。一个敞亮的书房，便是高级的谈话空间。

（6）设置一个电脑房

现在许多家庭都有了电脑，人们一般习惯把电脑桌放在书房。于是很多人愿意为电脑"配"一个书房。

（7）成为自己的事业空间

很多人精力特别充沛，除了完成主业工作，业余时间还有许多兴趣爱好，不少人还有第二职业、第三职业。书房或工作室就是其事业的另一个天地。

三、儿童房空间的设计需求及设计原则

如今，随着社会经济的不断发展，如何装修儿童房都是父母装修时的一个重要项目。儿童房是孩子的卧室、起居室和游戏空间，合理的安排有利于孩子观察、思考、游戏的各方面能力。在孩子居室装饰品方面，要注意选择一些富有创意和教育意义的多功能产品科学合理地装潢儿童居室，对培养儿童健康成长，养成独立生活能力，启迪他们的智慧具有十分重要的意义。

（一）儿童房设计原则

不同性格、性别、家庭条件、年龄的儿童房设计，可以有各种各样的方法，但总体来说，都应该遵循以下几个原则：

1. 共同设计

对于那些3岁以上的孩子来说，他们在颜色、图案方面逐渐有了明显的个人喜好，让小业主们挑选孩子喜欢的家具款式和模拟自己想要搭配方式是明智的选择。父母可以拿着颜色板和各种图画与孩子们聊天，以求了解孩子对颜色、图案和形状的喜好，让孩子共同参与设计、布置自己的房间。同时孩子也会养成自己的想法不盲目的随从大人的意愿，对自己的这片小天地情有独钟。

2. 充足的照明

合适且充足的照明，能让房间温暖、有安全感，有助于消除孩童独处时的恐惧感。一般可采取整体与局部两种方式布设。当孩子游戏玩耍时，以整体灯光照明；孩子看图画书时，可选择局部可调光台灯来加强照明，以取得最佳亮度。此外，还可以在孩子居室内安装一盏低瓦数的夜明灯或者在其他灯具上安装调节器，方便孩子夜间醒来。

3. 柔软的素材

由于儿童的活动力强，所以儿童房空间的选材上，宜以柔软、自然素材为佳，如地毯、

原木、壁布或塑料等。这些耐用、容易修复、非高价的材料，可营造舒适的睡卧环境，也令家长在安全上没有后顾之忧。

4. 可随时重新摆设

设计巧妙的儿童房，应该考虑到孩子们可随时重新调整摆设，空间属性应是多功能且具有多变性的。家具不妨选择易移动、组合性高的，方便他们随时重新调整空间，家具的颜色、图案或小摆设的变化，则有助于增加孩子想象的空间。

5. 安全性

由于小朋友正处于活泼好动、好奇心强的阶段，容易发生意外，在设计时，需处处费心，如在窗户设护栏、家具选择尽量避免棱角的出现、采用圆弧收边等。材料也应采用无毒的安全建材为佳。家具、建材应挑选耐用的、承受破坏力强的、使用性率高的。

6. 趣味性

预留空间学龄前儿童喜欢在墙面随意涂鸦，可以在其活动区域，如壁面上挂一块白板，让孩子有一处可随性涂鸦、自由张贴的天地。这样不会破坏整体空间，又能激发孩子的创造力。孩子的美术作品或手工作品，也可利用展示板或在空间的一隅加个层板架放设，既满足孩子的成就感，也达到了趣味展示的作用。

（二）儿童房的设计要点

除了遵循上述原则外，在一些细节设计时也需要尽可能去考虑对孩子的影响。

1. 地板、地毯

孩子在离开摇篮后，地板自然成为他们接触最多的地方，是他们最自由的空间。在孩子的活动天地里，地板材质应该具有温暖的触感和抗磨、耐用的特点。首先，儿童房间的铺地材料必须平整，不能够有凹凸不平的花纹和缝隙，因为任何不小心掉入这些凹下去接缝中的小东西都可能成为孩子潜在的威胁。同时这些凹凸花纹和缝隙也容易绊倒蹒跚学步的孩子。其次，儿童房间的铺地材料要具有保护性。耐磨且富有质感的软木地面容易使脚底产生温暖、舒适的感觉，因此很适合儿童房间，建议在床周围、桌子下边和周围铺设地毯。这样避免孩子在上、下床的时候因意外摔倒在地而磕伤，也可以避免床上的东西掉在地上时摔破或摔裂，从而对孩子形成伤害。要尽量避免。

2. 家居陈设

在孩子房间里陈设家具对父母来讲应该是一件很有趣味的事情。在这里随心所欲，完全沉浸于想象之中，设计将变得不过分也不荒唐了。因为孩子正是在利用想象力和创造力装点出的房间里才能获得极大的乐趣和启发。儿童房家具的选购也是不容忽视的。应以圆角为主，这也是从安全方面来考虑，尽量避免室内有较尖锐的物品出现。另外，最好选择金属穿钉而非黏合剂方法制造的家具，因为普通的胶、油漆可能含有有害物质，会对孩子身心造成伤害。

3. 布艺

孩子会像大人一样对某些颜色情有独钟。你可以选择颜色素淡或简单的条纹或方格图案的布料来做床罩，然后用色彩斑斓的长枕、垫子、玩具或毯子去搭配装饰"素淡"的床、椅子和地面。其中长枕、垫子等的外套可以备有多种颜色，可以在不同季节、孩子不同年龄时更换枕套和垫子的颜色，这样的做法比较经济、实用。窗帘的颜色可以选择浅色或带有一些卡通图案的面料，材质不宜过厚。因为在春、夏两季，白天阳光很强的时候，拉上窗帘孩子仍然可以在光线柔和的房间里玩耍。

4.墙面颜色

儿童房墙面处理方法是多样化的，如五彩缤纷的墙漆，优雅温馨的墙纸、壁布，一般儿童房的色调可根据小孩子比较喜欢的颜色来选定；黄色优雅、稚嫩，粉色可爱、素净，绿色健康、活泼，蓝色安静，童话色彩较浓。除以上要点外，设计时还要注意地板、地毯、墙面、家具、布艺之间的统一性。有条件的可以根据小孩的喜好打造更具创意的风格，如：海洋创意、童话创意、汽车屋、等等。总之，儿童房的设计要充分考虑儿童的成长要求，要从生理、心里上来满足儿童的需要，为孩子营造一个安全、舒适、活泼充满童趣的空间。在这样的环境里，儿童才能够身心健康地茁壮成长。

四、老人房空间的设计需求及设计原则

中国是全球老年人口最多的国家，约占世界老年人口总量的五分之一。随着我国老龄化社会的步入，人类物质、精神生活的提高，老人居所的设计逐渐成为设计界的一个重要课题，既要符合老年人的生理、心理与健康的需要，又要给老人形成一个舒适、安逸、稳定的环境。

老年人是一个特殊的社会群体，有着丰富的阅历和经验，因而有一种追求稳定和凝重的性格特点，加上老年人的怀旧思想根深蒂固，那么我们在进行老人房的整体安排和设计时，要根据老年人的不同特点而量身定做。我们要充分了解他们的喜好，熟知他们的生活习惯和个人爱好，结合老人房设计的总体特点，做出适合个体的设计方案。基于老年人的心理、生理上的一些变化，针对老年人的固有特点，对设计师也提出了相对较高的要求，它不仅要求设计师在做设计方案时胆大细心，有更多的生活经验，更要求设计师充分考虑老人的需求。

（一）室内空间的组织要合理，室内材料的选用要贴心

针对年龄阶段的特殊性，老人记忆力减退、行动不便、喜静不喜闹。我们在对老人房居室的选择上，要遵循以下原则。

首先，要把老人房安置在居室的深处，一个宜静的环境中，远离客厅和餐厅；其次老人对卫生间需求会较多，应尽量把带独立卫生间的主卧室给老人用。再次，根据老人心理和生理的特点，老人的卧房应尽量安排在朝阳的房间。适当地进行日照，能让皮肤感觉到温暖，给老人以舒适感。在阴暗的房间中待久了，会产生寂寞的感觉，对老年人的身心健康非常不利。还能够得到良好的室内采光和照明，如果客厅光线不足或照明度差，既容易磕碰和摔跤，还易引起视力过度疲劳。在空间的形式上，老人房的布局应是陈列式的。室内家具摆放按均衡、对称的方式沿墙布置，不仅在心理上给老人以安全稳固的感受，还能

留出流畅的空间让他们行走和拿取物品。老人骨质疏松的程度比较高，应尽量避免直接与物体的表面频繁接触，不宜在房间内铺设太多东西，这样留出足够大的空间让老人行走，保证了安全。由于老年人生理的特点，决定了在装饰材料的选用上要贴心。作为室内设计师的我，清楚地知道防滑性能好的材料对老年人的重要性。安装地板的时候，居室的地面应平整，不宜有高低变化，切忌用光滑瓷砖。老人居室选择地毯较好，但局部铺设时要防止移动或卷边，以避免老人摔跤。老年人喜欢安静，除了房间安置的位置外，还应选择隔音效果好的装饰材料。

（二）室内陈设的特殊性

老人房和其他人群的居室设计一样，以家具等功能性陈设品为主。由于老年人行走的不便，身体协调性下降，那么在进行家具的设置上则不可小觑。

（1）在家具材质的选择上，环保达标是毋庸置疑的，这样有利老人身体健康。

质轻、温暖质感的材料是老人房家具材料的首选，这样便于老人有需要时的挪动。例如木材、竹、藤等材料既贴近大自然，密度又较轻，比人工合成的材料更具环保性。在沙发的选择上，避免选用坐上去就使人深陷在里面的沙发，这可能给他们带来突然的心理恐慌，更重要的是，这种沙发并不便于他们起立。

（2）在家具样式上，为减少意外，应该选用一些无棱角、以圆角修饰的家具造型，一则在心理上能给老人以安全感，二则避免老人家碰撞跌倒，在这点上，和儿童房的设计有较多相似。还有，房间内不宜设置过高的柜子和过低的抽屉，上了岁数的老人，伸手够东西和弯腰过度都会带来生活中的不便，甚至发生危险。

（三）居室色彩以淡雅、温暖的颜色为主

老年人进入暮年，在心理上发生了很大的变化，变得喜欢回忆过去的事情，那么在居室色彩的选择上，就要区别于其他人群。调查表明，色彩能够直接对人的心理产生影响，而且可以营造出不同的舒适感。在对老人房间色彩的研究上，笔者查阅了很多资料，发现在很多的文献资料中显示：由于老年人的经验、阅历和年龄的关系，其性情一般很沉稳，喜爱安静、柔和、整洁的居室环境，那么在色彩的选择上，应偏重于色彩古朴、沉着的室内装饰色。

（1）老年人在晚年时都希望过上平静的生活，房间的淡雅色调刚好符合他们此时的心情。过于鲜艳的颜色会刺激老人的神经，使他们在自己的房间中享受不到安静。比如说大红、大绿的颜色，这些色彩会令人精神亢奋，长期下来会导致精神不济，遇上对艳丽色有偏爱的老人，需要与老人进行充分的沟通，并可通过局部运用，作为点缀空间的调剂，而不是大面积使用。

（2）过于阴冷的颜色也不适合老人房。因为在阴冷色调的房间中生活，会加深老人心中的孤独感，长时间在这样孤独抑郁的心理状态中生活，会严重影响老人的健康。老人房用色要以温暖的颜色为主，比如说偏暖的米黄色、浅藕荷等素雅的颜色，会使老人感到安静祥和。

（3）还要避免使用大面积的深颜色，防止有闷重的感觉。调研报告显示，那些低纯度、低明度、调和统一和清新淡雅的颜色更能给老年人营造宁静、舒适的生活氛围。而那些接近自然色的浅色调，更以其原始、朴实、柔和的特点，使老年人收获平和的心境。

（四）软装饰的设置要点睛

所谓软装饰，是指装修完毕之后，利用那些易更换、易变动位置的饰物与家具，如窗帘、沙发套、工艺台布及装饰工艺品、装饰铁艺等，对室内的二度陈设与布置。一个居室的纺织物装饰，是一间房子精美与否的点睛之笔，老人房亦是如此。老人房避免冷冰冰的金属工艺品，在这儿，笔者主要来和大家探讨窗帘、布艺这些软装饰在老人房中的运用。老人的居室应该选择一些暖色调的织物颜色，以鲜艳缤纷的图案为主，避免死气沉沉的灰暗色调，使老人一进房间，迎来的是一种暖气洋洋的温暖的氛围。在布料的选择上，可选用提花布、织锦布等布艺窗帘，这种窗帘素雅的质地和图案，以及华丽的编织手法，展现出老人成熟、稳重的智者风范。另外，这些布料比较厚重，能给老人带来稳定的午睡环境。除了窗帘以外，床单、靠枕在室内也占有较大的面积，最好和这些图案相搭配，使这些织物让老人充分地感受到家的温暖。

（五）室内照明设置合理化

与其他年龄层相比，老年人视觉系统不喜欢受到过强的刺激，视力一般有所衰退，那么在居室的照明设计上一定要遵循明亮、柔和的设计原则，在充分照明的基础上，灯光柔和且不刺眼。

（1）照明方式的合理搭配

就照明方式分类，主要分为直接照明、间接照明和漫反射照明。由于老人一般不喜欢强光直射，一般选择漫反射的光源或者看不到灯泡的台灯为佳。老人房在整体照明的选择上，应选择带有磨砂玻璃灯罩的吸顶灯；局部照明应选择内藏的灯光反射出来的照明方式比较适宜。这样，就不会让刺眼的灯光引起眼睛不适，从而加重视觉系统疾病。

（2）人性化设计由于岁数的增长，老人夜间如厕的次数会有所增加，应该合理设置床头灯、壁灯，供老人晚间使用。开关设计可以设计成触摸式感应灯，最好能让开关离床头比较近，方便老人操作。还有，人到暮年，看书、读报成了他们生活的重心，由于老人的视力较差，那么用于阅读、写字的台灯一定要明亮，亮度适当高一点为好。要想给老人营造一个舒适、温暖的居室环境，老人的安全亦不可忽视。随着年事渐高，许多老人开始行动不便，随之心理状态也产生变化，开始抵触旁人的照顾，生怕自己成了废人。这时，在墙壁上设置扶手，成为必不可少的一项设施。在老年人居室墙上增加1—1.5米高的扶手以便于老人站立，或坐下，这样可令行动不便的老人生活更自如。还有，人至暮年，会比常人更渴望绿色，更渴望生命。绿色也让老人怀旧的心理产生向往青春的活力，追求旺盛生命力的童心。那么，记着给老人的居室放置几盆四季常青的绿色植物，让绿色常在，让老人尽享晚年生活的愉悦。

第四章　室内空间采光设计与特色方法

对于室内设计来说，采光主要来自两部分：自然光和人工光。自然光主要为日光，而人工光则以各种电光源为主。自然光在数量和质量上往往受到限制，且难以控制，而且基本上已被建筑设计所确定。如果室内设计介入得早的话还有可能提出一些修改，在建筑的某些部分加窗，加什么样的窗等一些事情；如果在土建施工完成后再进入则顶多只能是做一些像加什么样的窗帘，以什么形式让自然光进入等一些不得要领的工作。人工光由于可以人为地加以调节和选用，所以在应用上比自然光更为灵活，它不仅可以满足人们采光的需要，同时还可以对室内环境气氛加以表现和营造，划分出一定的空间区域特性，因而往往是室内设计的重点，也是在这里主要讨论的问题。室内采光很复杂，根据人的不同视觉要求，需要提供不同作用的采光系统。

第一节　居住空间中的自然采光

日光是居住空间绝佳的塑造者，也是设计师们可以利用的动态自然要素。现在设计师们已经发掘了无数种利用日光的方法，但是也在质疑着光线能否真的成为决定设计方向的目标。目前来看，大多数的日光分析还是停留在能源问题上。

一、光语言与自然采光

（一）光语言的重要作用

1. 感知事物的需要

英国著名建筑师理查德·罗杰斯说："建筑是捕捉光的容器，就如同乐器如何捕捉音乐一样，光需要使其展示的建筑。"的确，光是建筑室内的灵魂，没有光，视觉无从谈起，室内形式元素中的形态、色彩、质感也都无从谈起。所以，光语言不仅是室内设计的重要语言，而且是先觉语言。依托光的能量，我们能知感知一个个的空间，进而感受空间。我们知道，这里的墙面是白色的，地面材质是大理石的，顶面的天花造型……

2. 正常生活的需要

无论白天和晚上，我们都在利用着光。可以想像一下：光一旦消失，黑暗使人陷入无所依托的失控状态，对周围事物的不知和对将要发生事件的不测，这是何等的恐怖！人对光具有本能的依赖，黑暗中的一道亮光使人增加生存的希望；冬季的阳光给人带来融融暖意……

3. 烘托气氛、传递情感的需要

不同的室内空间应该有不同的气氛要求，比如热烈的、温馨的、浪漫的、严肃的、冷峻的等等，这是人的生理与心理需要所决定的，光语言在这方面的作用可谓神奇。如高亮度的空间感觉明亮，使人兴奋；低亮度的空间使人感觉压抑甚至恐怖；明暗强对比的空间具有紧张、刺激感；明暗弱对比的空间则放松、舒适。我们可以利用光的强弱、光的冷暖，在不同的场合加以合理的选择，可以说，它开辟了空间性质的新领域。

（二）自然采光及类型

1. 自然采光

在建筑室内设计的过程中，通常将建筑室内对于自然光线的应用称为采光。科学的利用自然光能够更有效地降低建筑的能源消耗，使室内环境与自然环境更加接近，使建筑的居住更加舒适。

2. 自然采光的类型

（1）顶部采光：顶部采光是一种比较基本的自然光利用形式，通常情况下光线自上而下分布，能够确保室内采光的均匀。顶部采光具有亮度高、采光比较自然等一系列特点。但是顶部采光在现代建筑的应用中并不普遍，因为现代城市内的建筑密度较大，并且大多数的建筑都是高层建筑，因此顶部采光形式在民用建筑内的应用比较有限，其更多的是在一些大型的厂房车间内应用。

（2）侧面采光：侧面采光根据采光面的数量可以分为单侧采光、双侧采光以及多侧采光，并且每一种侧面采光形式根据采光的高度可以将其分为高测光、中测光以及低侧光。

二、室内空间设计中的自然采光

（一）室内自然光环境设计的原则

1. 符合室内设计的总体要求

自然光变幻莫测，室内自然光环境精彩的景象常常稍纵即逝，向人们展现这些精彩的瞬间，恰恰能够体现出设计者的功力。为此，设计者需要根据不同空间的主题背景，巧妙构思光照概念及其表现形式。在共享空间中，空间要素和设施相互穿插，极富流动性，其自然光环境的效果应该充满动感和变化，烘托出室内活跃的气氛。在静态空间中，则需要稳定、柔和、简洁的光线来营造宁静的氛围。

随着环境保护意识的增长，人们向往自然，喝天然饮料，用自然材料，渴望住在天然绿色环境中，强调自然色彩和天然材料的应用，在自然光的照射下感受自然所赋予建筑空间的独特感受。室内环境设计是一门整体艺术、它应是空间、形体、色彩以及虚实关系的把握，功能组合关系的把握，这样对自然光就会充分发挥其特点，使整个空间融入一个和谐、统一的环境中。

2. 考虑未来的适用性

随着人们的生活方式、思想观念以及工作生活空间的改变，对自然光的需求方式和感情体验也将呈现出许多个性化的要求。因此，运用自然光的设计还要考虑适应将来变化调整的要求。在考虑具体的项目计划时，对现有空间可以进行重新分区，尽量把人的主要活动安排在光线良好的区域；对新建的空间，应考虑设计灵活的空间分割、室内装修与家具布置，以适应未来的变化调整的要求。

随着科技的进步，建筑材料与建筑技术得以飞速发展，人类从早期的消极，被动地信赖自然光，发展到今天积极地研究光、利用光。未来的室内设计观强调创造人工环境与自然环境的和谐发展。光环境的设计概念也应该从人性的、生态的和可持续发展的角度出发，深入到人们的生活方式、娱乐方式和交往方式等社会精神层面中，拓展创新的思路。如洒落在室内的自然光如何促进人们的身心健康，如何消减人们享有自然光的不平等，如何增进人与自然、人与社会生活的联系与沟通，如何增强人与自然共生发展的责任感，这些都是切实提升生活质量的重要因素。思考这些问题，将有助于发挥自然光所具有的生态潜力。

长期以来，我国在该领域研究相对较少，上世纪八十年代末，陆续有一些关于光环境的论著发表，但以人工照明为主；在自然光环境方面，多以工业建筑，展示建筑为研究对象；在深度上，尚停留在理性的采光计算上。在西方国家，对自然光的研究起步较早。勒·柯布西耶说："建筑艺术就是光的艺术。"路易斯·康早在 60 年代就对自然光有了较深刻的认识，他说："自然光是唯一能形成建筑艺术的光。"这两位大师在创作实践中，他们的理论都在自己的作品中得到了精彩的运用。

（二）自然光在室内空间的运用

1. 室内采光的设计手法

路易斯·康曾经说过："对我来说，光是有情感的，它产生可与人合一的领域，将人与永恒练习在一起，他可以创造一种形，这种形是用一般造型手段无法获得的。"[①] 他在 1966 年设计的克拜尔博物馆，选择了螺旋线作为剖面的形式，这样有利于降低空间高度并提高采光的均匀度。良好的采光设计也并非意味着运用大片的玻璃窗，而是恰当的布置方式，即恰当的数量与质量。影响采光设计的要素很多，其中包括照度、气候、景观、室外环境等，另外不仅要考虑直射光，而且还有慢射光和地面的反射光。同时，采光控制也是应该考虑的，它的主要作用是降低室内过分光照度，影响室内空间的功能和层次。

人们在室内利用自然光的问题上，一方面崇尚阳光，对房屋建筑的方位、朝向寄予了很高的期望和价值；而另一方面，即使在阳光灿烂的日子里，许多拥有宽大玻璃幕墙的写字楼、办公大厦依旧暮气深沉，只有到夜间才能展现其富丽堂皇的光彩。分析其中的原因，虽然不乏采光结构限制的因素，但更多的原因来自人们以往的思维定式：认为室内自然光线变幻莫测难以控制，光影平淡又不利于表现空间的气氛，运用自然光的思路也长期停留在"考虑了自然光的引入"等较低的层面。因此，每当涉及光照的问题时，人们首先想到的往往是用人工照明所获得的夜间效果，缺少对室内日光形象的深入研究，也很少有设计师以自然光环境作为明确的设计目标。

---

① 李大夏. 路易·康 [M]. 北京：中国建筑工业出版社，1993.

2. 室内采光表现的情感、性格特点

在室内设计中可以运用自然光表现情感、性格的特点、表现室内的气温。如光照强度，表现了明快、热烈、激情等性格，而光照度弱时，则表现出沉闷、阴暗、神秘感等。在室内设计中光构成效果，首先确定表现何种气氛，然后选择相应的"光"，另外在室内设计中的其他因素，如色彩、材质、造型，都受到光的条件的约束，必须先运用光的条件，而后表现它的个性。自然光是室内空间营造和形势创作的重要启发性因素。自然光的照射赋予结构清晰形象的同时，又将它们之间的关系以一种更为动人的方式演绎出来。

采用不同的光照方式，形成不同的室内艺术效果，例如按照设计构图规律，形成前景与衬景，直接光与间接光晕的构成图像，利用光的照射方式不同，得到的不同造型、光影的艺术效果，比例与尺度、光影、黑白灰的层次等，都应符合视觉美的规律法则。例如尺度、比例、主次、统一变化，渐变以及特异的手法等，在做"自然光环境"设计时与其他视觉艺术同样，应符合光的艺术构成规律。另外，在室内设计中选用镜面反射室内的物象，或是借以虚拟空间，增强空间感，或是利用经营后的反射面达到预期的艺术画面美化空间。

第二节　居住空间中的人工采光

自然光源常常受到方位、节令、时间和空间的局限，在表达设计意图时往往受到很大限制。因此，随心所欲的人造光源就成了室内理想光源的主要形式。人造光源可按照设计师的意念构成空间、改变空间和美化空间，它直接影响物体的形状、质感和色彩，营造出设计需要的艺术氛围。

一、室内设计中人造光源的选择

为了满足不同的照明要求，在设计过程中要特别注意各种类型的灯光效果。家居中包括普通照明灯、背景灯、功能灯、效果灯和氛围灯，还有艺术灯。室内的灯光应该达到下面这些要求：灯光设计要有效而且实用，能满足室内活动和空间功能的要求；能增加室内空间的美感，营造舒适宜人的环境；能营造出满足某种心理需要的氛围；理智地选择照明装置，确保灯具和电能的经济实效性。

（一）普通照明灯：灯光统一、均衡、照射范围广

常用的直射灯光如安装在顶棚上的灯直接照亮下面的空间。这种灯大多是荧光灯或其他实用的白炽顶灯。这些灯具，尤其是荧光灯系列，可以为厨房、办公室、工作间和教室提供良好的照明，使人们在室内所有方位都能正常工作学习。然而，它的缺点之一是灯光单调无变化，不适用于起居室、卧室等区域，因为这些空间的灯光设计要讲究美感和氛围。

（二）背景照明：使空间更人性化

来自间接的灯源，它将灯光投射到一个物体表面如墙壁或顶棚，然后光线反射回到室内空间。嵌入内置于顶棚四周的像眼睛形状的聚光灯能够映亮周围的墙壁，而向上照射的

灯把光投射到顶棚，然后反射回房间，营造出柔和明亮的灯光环境。尽管背景灯的灯光柔和舒适，但其亮度不足以为工作的人们照明，因此它经常与其他的功能灯或效果灯结合使用。背景照明的光线使房间充盈着柔和、迷人的光线，令空间更加人性化。例如，氛围灯能令人感觉温馨而充满着诱惑，在黑暗空间的低方位映照出一片柔和的光线或者是绚丽的光彩，总会令人怦然心动。另外还有内置灯的暗淡灯光和台灯、落地灯。

（三）重点照明：强化突出光线

重点照明采用精心布置的较为集中的光束照射某件物体、艺术品、盆景或某些建筑细部结构。主要目的是取得艺术效果。重点照明的设计常常使观赏者觉得光线是不太明亮的光源提供的，比如蜡烛或墙上的吊灯。嵌入式可调节照明装置、跟踪照明设备或可移动照明装置都可以提供重点照明的光线。可以让灯光来营造出所期望的情调和氛围，取得最动人、最富戏剧性的效果。正因为灯光具有如此魅力，可以根据各个房间和空间块面的特殊情形来进行照明规划。由于所要达到的意图和目标不同，设计方案自然也大相径庭。举例来说，室内没有必要突出家具物品陈设时，便不妨采用漫射光照明，让柔和的光线遍洒每一个角落，而在那些放满艺术收藏品的区域，最有效的便是准确、直接的灯光投射，以突出主题。一些公共活动场所（比如客厅、餐厅）需要有一种友好、亲切的气氛，产生这一效果的最好办法是选用传统的顶灯或枝形灯。如果还能辅以大落地窗，以便吸纳自然光线，效果则更佳。有时，照明也有一些不寻常的用法。

二、灯光在居室设计中的装饰作用

在现代居室设计中，光不再仅仅是照明作用，随着人们对环境气氛的要求越来越高，光所具有的装饰效果越来越多地被设计师们所运用，光有冷暖之分，有颜色，经过"裁剪"有形状，光与其他材质配合可共同演绎出动人的场景效果。

（一）室内灯光装饰设计的定义和重要性

要营造良好的室内装饰效果，灯光设计不容小觑。要使得室内灯光设计达到有效的效果，应该将室内设计的特点与灯光照明设计予以完美的结合，在保证室内空间装饰效果的基础上，使两者达到尽可能完美的结合，实现和谐统一。对于空间与灯光分布的问题要正确解决。不同的环境下，除了要保证室内照明的基本功能外，还要营造出一定的感官装饰性和艺术效果，使室内设计的装饰特点通过灯光的布置而有所不同，营造出多种不同风格和不同氛围的室内环境。对室内灯光进行设计和构思时，要注重照明条件，在保证品质的基础上联合灯光的展现功能、室内装饰的艺术风格等实现对于室内空间氛围的表述，依据光的分散、构成、明暗和色度等，使室内氛围更加符合居住的舒适性。随着建筑行业的发展，人们对于自身生活品质的追求趋于越来越高的要求，灯光设计所起到的作用已经远远大于照明本身，在建筑美观上也占据了十分重要的地位，给人们的生活增添了更多的色彩。在对灯光的设计过程中，要充分把握空间照明的原理，选择合适的照明设备，研究好光线分布、周围环境以及人的心理需求，使灯光设计在室内设计中起到画龙点睛的作用。

（二）灯光的定位

在现代生活中，人们的生活和工作压力越来越大，因此更加需要截然不同的室内空间环境来予以缓解和放松心情。基于此，设计师从人们的心理需求角度出发，对光线的装饰效果进行最大化功能的发挥，通过色彩、形状冷暖等对于光的标准进行区分，从而使之呈现出更加良好的效果，明确灯光在室内空间环境中的位置。

1. 光色是冷暖的基础

色调单一的光源呈现出的效果也相对协调，但其也较为单调，因此无法满足人们的审美需求，同时也难以营造出层次感，而通过冷暖光可以实现动态美的要求。比如，某个房间的墙面颜色为淡黄色，如果使用暖光照射其上，就会使空间产生一种温暖的感觉，接着再使用非照明冷光源与其进行对比，就能够起到很好的衬托效果，有利于丰富色调。

2. 光的可修剪性

对于不同光源产生的光线，如果遇到不同物体的阻挡，无论是照射还是穿过都会有不同效果产生，这也决定了光的边缘形态，而如果接下来是在一个狭长的门厅走廊中，就会使人感觉到阴森。但是，一个优秀的设计人员，反而可以利用光产生的不同效果，对光进行合理的应用，营造出截然不同的视觉感受，使处于客厅中的人们感受到自然明媚的阳光，使通道敞亮。不同的材料对光线的反应极为不同，其装饰效果差异也较大。因此，光线的可塑造性和可修建性都较强，对室内空间环境的装饰作用也具有十分重要的影响。

（三）室内灯光设计的方法

1. 明晰照明实施的用途和目的

第一，要确定空间环境的功能，也就是空间性质，从而判断出光的强度范围要求，比如空间的使用目的是用于办公或者作为书房，就要求多运用冷光源，使光的强度略大一些；卧室则常采用柔和的暖色调光。照明能够调整室内光的强度，还用来营造不同的氛围，因此灯光的设计尤为重要，能够起到关键作用。灯光的设计在室内环境设计中不容忽视，因此，最好聘请专业团队对自身的要求进行合理科学的设计，打造适合自身特点的灯光设计。

2. 照明与空间环境艺术

照明是室内设计中必不可少的一部分内容，其给整体带来的影响很关键。大部分家庭都存在注重室内空间的恰当设计，而忽略照明设计的情况，其实照明设计在室内环境中占据很大部分，对整体设计效果有着直接影响。其通常是按照对象空间的具体情况以及相关使用性质，通过照明技术处理以及艺术处理两种手段，使室内空间更加丰富，层次更加分明，并且使其具备一定的完整性。在室内照明设计中，运用强光、弱光、散光、整光、隐现、虚实、动静和控制投光角度等照明技术手段，使光的对比、秩序、节奏等形式进行建立，实现光源的正确运用，可以起到充分渲染空间的艺术效果。居室空间中的陈设品能够突出简洁空间的精致，而运用光对其加以强调，更加能够体现出饰品的高贵和品质。照明设计的巧妙运用可以对空间比例进行改变，对空间领域进行限定，增加空间层次，明确空间导向。利用光的照射范围，分割出不同的区域，实现空间区分，对居室空间的整体与局部、主要与次要部分进行合理明确的界定。

光色最基础的便是冷暖，室内环境中只用一种色调的光源可达到极为协调的效果，如同单色的渲染，但若想有多层次的变化，则可考虑有冷暖光的同时使用。例如淡黄色墙面和地面的房间，采用暖光源与地面石材相映，突出温暖气氛。装饰照明的光色彩不同，人的视觉效果就不同。用照度适宜的中性白光照射白色或近似白色的墙面，会呈现清洁、宽敞、明亮、醒目的效果。通常鲜艳、饱和、照度充足的彩光会带来健康、明亮的效果，而光色不纯或照度不足的彩光则会造成不同程度的负面效果。反之，如微弱的黄光会散发昏暗、暧昧的气息，暗淡的红光会渲染压抑、恐怖的气氛，幽暗的蓝绿光则会造成阴暗、诡秘的效果就不建议使用。另外，照明效果直接受到建筑立面的材料材质的影响。不同颜色的墙面配合灯光给人以不同的感觉。粉刷墙壁应根据需要和条件选择适宜颜色的乳胶漆。一般用白色粉刷墙壁的居多。因为白色反光强，使房间显得洁净、宽敞、明亮，较适合小或暗的居室。如果用极淡的粉色浆刷墙，再配以各色灯泡，整个房间会造成热烈、温暖的气氛；淡蓝或淡绿，前者给人以清爽、开阔的感觉，后者具有安谧恬静的效果。光还可被"裁剪"成各种形状；或点，或绒，或面，光的边缘则可虚可硬，主要取决于受光面或是"穿过面"的形状，如居室的门厅较为狭长，为了不使大门或客厅之间的连接看上去低矮、狭窄、冗长、阴暗，设计师通过大量用光，将其设计成了一个"光的环境"，一个处理精致的门厅走廊，从客厅往外看去，是另一处明亮、有趣的天地，而非简单地承担交通功能的走廊。此外，光通过影对有质感肌理的材料表现的强化装饰效果，有时还会产生意想不到的收获，如灯光与彩色玻璃的配合几乎可使任何色彩和花纹表现其绚丽多彩的装饰效果。灯光在不同的程度上影响着我们的生活、工作与休闲，不同形式的照明会左右物体或空间的形象、色调以及它们给人留下的印象。灯光既能营造也能破坏室内环境的气氛。但实际情况常常是：建筑风格与结构已设计完成并交付建筑实施，这时人们才想到照明，这是一个很大的错误。照明同其他因素一样，需要从设计之初就予以考虑。

第三节　光运用对室内设计的意义

现代人对居住空间的灯光设计尤为重视。灯光是营造家居气氛的魔术师，它不但使家居气氛格外温馨，还有增加空间层次、增强室内装饰艺术效果和增添生活情趣等功能。在居住空间的光环境设计中，室内照明设计有其独特之处，尤其是住宅照明设计，人们通常都希望在住宅照明中塑造出个性化的效果。灯光在室内空间的运用，有如画龙点睛的效果一般，每一个空间所需求的灯源亦不尽相同，相对应于居家风格，灯的造型千变万化，更可延伸出更多的组合搭配。

一、光环境与室内空间内涵的关系

光不仅是实际照明的条件，同时是表达空间形态、营造室内气氛的基本要素。本文通过对光环境在塑造室内空间性格方面所具有的特殊意义及运用不同的光环境手段获得相应的空间性格的分析，揭示了光环境与建筑内涵的直接关系及创造空间性格的巨大潜能。

现代技术的高度发展改变了长期以来人们对光环境的单一化、程式化模式的要求。事实上，人对光环境的需求与作为光环境主体的人的特性、人所从事的活动的特性有密切关系。空间也不例外，什么样的空间给予什么样的光环境才能最好地发挥它的艺术效果，如何将空间艺术化？即如何创造一个更适宜的个性化光环境，以体现对人本身的关怀。

（一）光与空间的观念转变

英国著名建筑师理查德·罗杰斯说："建筑是捕捉光的容器，就如同乐器如何捕捉音乐一样，光需要使其展示的建筑。"的确，光是建筑的灵魂，没有光，视觉无从谈起，建筑形式元素中的形态、色彩、质感依托光的能量，使我们感受到建筑在四季中的变化及一天中早、午、晚的差异。光与影所渲染的建筑，提升环境质量，我们自然地融入光与建筑交织所凝结的意境之中。

光环境在室内发挥着举足轻重的作用，内部空间的限定已由面体围合的封闭状态发展到半开放及开放的不同层次，其中光在创造空间中扮演着独特的角色。光创造空间无须实体围合，除利用自然光还利用各种人工光的形态及颜色塑造空间，开辟了空间性质的新领域。在连续空间序列中，光同样展示出自己的潜力。由于空间概念加入了时间因素，使人们不再从静止的角度观赏空间，建筑不再是凝固的音乐，而是可以体验的流动空间序列。

现代建筑由于光科技的提高与普及，室内光环境具备了丰富的语汇，在提供普通功能照明的同时向精神层面发展，用艺术的照明手段体现照明内涵，催生出室内不同空间的个性特征，使室内空间环境更加贴切地烘托出鲜明的空间气氛。当室内空间完成功能需要的同时，最终要解决与人的情感交流，这种情感通过视觉及身体的体验而转换成空间性格知觉，不同的空间给人的感受不同，形成特定的空间性格。空间设计正是追求空间性格的差异，追求特定精神需求的空间气氛，满足人们丰富的空间心理知觉感受。而光具有令人感动的魅力，激发自由、丰富、灵动的联想，通过光的强化、弱化、虚化、实化等特有的表现手段，渲染特定的空间氛围，塑造各种不同的空间性格，使室内空间这一物质存在上升到精神的维度。空间与光环境具有近似的一面，都具有体现精神化的特质，空间与光环境融合会提升其精神含量。美国建筑师路易斯·康深刻地揭示了两者之间的关系："设计空间就是设计光。"①

（二）光环境的空间内涵及表现手段

1. 光环境的内涵

建筑设计思维的发展促进了人们对光的认识，光的作用愈加从室外转向室内、从功能转向精神。创造不同的空间应具有不同的表情，这是人的生理与心理需要所决定的，人们从事各种活动就要有相应气氛的空间支持，如果空间氛围与活动性质错位就会出现各种不适，妨碍活动的顺利进行。我们在设计时就要有意识地体验两者的关系，准确地把握分寸，全力运用光语言并发挥光元素的表现力，共同创造优美宜人的室内空间。例如，愉悦欢快

---

① 李大夏. 路易·康 [M]. 北京：中国建筑工业出版社，1993.

的空间环境是调节情绪的理想场所。在空间设计中，餐饮空间、娱乐空间及商业空间具有创造欢快气氛的潜能，因为在这些空间中，人们可以聚集一堂享受饮食乐趣，或动情地娱乐及轻松地购物。为适应这一主题思想的需要，在设计中应采用相应的手段以获得所需的性格空间。在处理光环境的时候从光源的布局、形态及颜色等方面入手，有效地表达设计思想。光源的布局应采用随意的方式，自然组合灯光位置以免落入呆板，取得灵活轻快的视觉效果。光源的形态应穿插不规则的任意形，以起到活跃空间气氛的目的。在光源的颜色方面应当以鲜艳的暖色为主，因为暖色使人联想到阳光与火焰，很容易引起情感波动，产生热烈欢快的情绪共鸣。

2. 光环境的表现手段

室内光环境与空间性格如此密切，我们在设计时就要有意识地体验两者的关系，准确地把握分寸，全力运用光语言并发挥光元素的表现力，共同创造优美宜人的室内空间。光源本身的形态不宜多变，以规则的线状和面状为主。窗面是自然光的来源，应有意开大窗、整窗，窗格简洁形成面状光源。人工光以直线态为主以求得整齐划一的视觉效果。光源颜色应简化语汇，控制空间照明色彩以五彩色或略偏冷色为主要色调，并使墙、顶、地及陈设纳入统一的色彩范围，以取得性格鲜明、严整划一的视觉空间性格。

在当前的室内设计中，我们已愈来愈认识到灯光对渲染空间气氛的重要性，灯光应该从单纯的照明配角升华为光环境艺术。光环境艺术的表现形式是多种多样的，在很多情况下，它是灯、光、形、影、介质的结合；是不同空间由单体到整体的综合；是与不同艺术形式的综合。它给人的感受已远远超过了视觉，而是综合了听觉、嗅觉、触觉甚至味觉，是有感官到精神的整体体验。可以说，没有光就没有色，没有光就没有形，没有光就没有质。因此，对光环境的艺术性进行充分的研究与实践，无疑对拓展光环境设计的艺术价值、拓展室内设计的发展方向具有重大的意义。

二、光环境对室内空间氛围的影响

光是太阳赐予人类伟大的礼物，有了光我们才有丰富的世界，光是一种语言，它常常以不同的姿态出现在人们的面前，不同的光线有着不同的属性，传递不同的信息。光是各种物质的传播媒介，特别是光环境中，各种物质充分交流。所以光环境是一种交流的空间类型，在里面有色彩语言、有质感的语意。

灯光构成的空间环境可以称之为光环境，光环境由各种照明装置产生，光环境作为建筑一部分有独特的情调，而这种灯光情调正是给人们的空间视觉感留下深刻而难以忘怀的印象的关键。因此，对室内灯光设计的相关知识进行学习和探讨具有很现实的意义，这将使人们更好地了解室内灯光设计的发展、特点、运用，也将有利于设计师与人们更多地关注室内灯光设计，促进灯光设计的进一步发展。

火是最早形势的人工光源，后来人类拥有了灯具，人类拥有真正意义上的灯具是从人们开始创造和使用蜡烛和油灯开始的。我国在汉代以前，使用的灯具是"庭燎"，它是用芦苇做芯，外面用布包裹，中间灌入兽脂，形似巨型蜡烛，也叫"膏灯"。欧洲各国最原始的灯油是用陶盘盛油，以线绳做灯捻。后来改用金属做灯座与灯盏，并且发明了在铁管里穿灯捻的做法，来改善照明。这种通过物质氧化燃烧来产生光的"火焰光源"，是人工照明的初级阶段。

灯光由光形、光色构成，光形和光色本身也极具装饰魅力，其随着生产力的发展不断的变化。光的色彩的表现对塑造空间、营造空间气氛发挥着重要的作用。室内灯光设计在受到各种因素的影响下发展迅速，并且以不同的姿态出现在我们的现实生活中，丰富着当代室内设计的语言。

光是室内设计用于塑造室内环境的不可或缺的元素，但当下中国大部分的室内设计却非常缺乏合理运用这一重要元素的相关知识，都是凭经验和习惯在设计灯光，跟着感觉走，结果实际结果确与设计效果差距很大。灯光也向来是居家条件中很容易被忽视的一环。

灯光不只是提供入夜后的照明，不同的光线更会引发人不同的情绪。科学家很早就知道，明亮的光线可以改变大脑的内部时钟，而大脑的内部时钟则可以控制人的睡眠，而人体生物钟直接关联着人体的健康状况。

就人的视觉来说，没有光就没有一切。在室内设计中，光不仅是为满足人们视觉的需要，而且也是营造室内氛围的重要手段。随着人类技术的发展，建筑物的尺度、体量、空间都越来越大，人造光源可以弥补自然光源受天气、时间影响的缺陷，随时随意的创造自己所需要的色彩和形式，营造独特的室内空间氛围。

室内空间灯光设计的意义也在于根据环境需要的照度，正确选择光源和灯具，确定合理的照明方式和布置方案，通过适当的控制，使环境空间的氛围符合人们的工作和生活需要。灯光照明设计就是可以帮助设计师表达情感的途径，它往往能引导我们的视线，能划分狭义上的空间定义，通过光线的照度和深度，可以给我们的空间带来更多的层次感和深度感，所以照明设计必须考虑到空间的情感因素。

光是空间氛围的营造手段，所以我们称"光是建筑的第四度空间"，灯光照明设计可以打造另一个三维空间外的新的领域。优秀的灯光照明设计更可以增加空间的灵动性和艺术情感，是别的任何材料都无法替代的室内环境设计的魔法石。

空间的可见度、工作面性能、视觉舒适度、社交信息、情绪及气氛等需求是光环境的直接体现。要满足上述各个方面的要求，无论是天然光还是人工光，数量必须达到一定的限度，才能满足使用者最基本的心理需要。照明可以使一个空间显得宽敞或狭小，使人感到轻松、愉快，也可以使人感到压抑。它直接影响着处在这一空间中人们的情绪和行为。

完美的光环境设计从本质上来说是技术与艺术结合的产物。一方面，个性化的光环境是人们心理和生理上的需求；另一个方面，人们对光环境从审美角度提出了更高的要求，提供精神上的愉悦。通过控制亮与暗、大与小、虚与实、强与弱可获得抑扬顿挫的空间连接起伏效果，构成符合的室内光空间。

光线在室内设计中的绿色人性化心理暗示。节能、环保和健康是绿色照明的基本宗旨。绿色照明以节能为中心推动高效节能光源和灯具的开发应用。研究"人—光"之间的互动，创造"以人为本"的光照明、光景观、光文化。

高技术不断推陈出新产生的其他多种新型材料，更极大地激发了设计师的灵感和想象力；最大化地利用自然光，自然光是天然能源，造价低廉，也是能使人们感觉最舒适的光源，对人的生理和心理极为有利；确保照明系统的耐久性和易于维护性等，使人性化的室内灯光设计在更科学的层次上得到升华与完善。

三、光环境对室内空间的艺术营造

诗人普拉斯说：魅力有一种能使人开颜、消怒，并且悦人和迷人的神秘品质，它像根丝巧妙的编织在性格里，它闪闪发光，光明灿烂，经久不灭。在室内设计中，灯与光就像那根丝编织在空间里，闪耀着你的个性，打造属于你的魅力。

要了解关于一间房子的情况，光线会起到很大的作用。它影响到我们的感受，并直接影响我们的情绪，如表述"在黑暗中"或"黑色的心情"。我们对从环境里获得的光照量非常敏感，我们在房间里面看不到东西会感觉不舒服，但是你要是处在明亮的环境下，就会感到愉快。一些房子之所以优质和成功，是因为最大限度地利用了阳光，但是，它并非总是如此。采光对不少房子是个问题，有的通常非常黑暗，采光恶劣。如果你想要最大限度得到房间里的光线，不单单只在窗口，尽可能让光线不间断地通过。光是一个十分有用的工具，室内设计师和建筑师经常提到光会给空间带来的生气。

光照对我们的健康也是很重要的。随着时间的推移，我们的身体已经适应太阳的周期和我们的生物钟跟随光照明暗变化的周期。进入我们的眼睛的光刺激我们的大脑的神经中枢，光会影响我们整个中枢神经系统，影响兴奋或放松情绪，也影响到中枢神经产生叫作褪黑激素的睡眠荷尔蒙。光对我们的情绪也会产生不同的反应，当人被剥夺光照，会变得沮丧和昏睡，所以光照是很重要的。

现代空间照明设计中广泛采用混合照明方式，把整体照明与局部照明有机结合起来，使室内空间产生千变万化、生动活泼的效果。设计时根据不同的空间功能采用不同的照明方式、光源及灯具类型，通过运用不同的光源、光色、照度等变化，来制造气氛和意境，达到调节和改善空间效果的作用。门厅、客厅可采用白炽灯作为光源，采用各种吊灯、水晶体挂在灯泡周围，灯光经过透明体的多次反射，光线变得柔和且无眩光；卧室可采用混合照明方式，整体照明采用间接照明方式，局部照明选择和室内以及家具相协调的台灯、落地灯、床头灯、壁灯等灯具，不仅可以增加室内光线的层次感，而且使房间显得更加温文尔雅，使人感到最大的轻松感。

室内色彩与灯光有着密切的关系。所有物体都必须具有足够的亮度才能呈现出其本身的色彩，人的眼睛才能有对颜色的感觉。因此，可以灵活地用灯光的光色和室内装饰材料的质感、色彩及照度相配合形成适宜的环境气氛。餐厅的功能是就餐，其照明设计应热烈、明快，以突出浓厚的生活气息，如选用暖色（如红橙色）灯光，再使光线照射在餐桌范围内，可以增强食物的美感，提高进餐者的食欲。在构成室内环境的种种因素中，光的运用非常重要，它能够扩大或缩小空间感，既能形成幽静舒适的气氛，也能烘托热烈、欢快的场面，能使室内的色彩丰富有变化，也能使活泼的色彩平板失去活力。

有时为了加强空间效果，丰富与改善造型的某些要求，也可利用光的变化分布来创造各种视觉效果。如室内装饰中常利用灯光并配合织物、装饰件去处理室内背景的手法。利用灯光的色彩及织物、帷幔、地毯对室内空间进行虚拟分隔形成吸引视线的区域。例如，为避免客人进门就看到床，可用较亮的直射灯将墙壁上的挂画突出为视觉中心，将客人进门后的第一注意力吸引到那里去。如果房间有大量的地板，可以把地毯放在上面。因为地毯柔软，时刻吸收着光线能够形成较为柔和的空间环境。不同材质的表面，对光有不同的影响。毛面将光散射到四面八方，而光面能将光线直接反射到墙壁和天花板。镜子对反射光有着巨大的冲击力，能增强房间的光照，并对眼睛产生魔幻的效果。

当代人们已经意识到健康的灯光设计对生活的影响，室内设计照明已由过去仅注重单光源过渡到多光源的效果。多光源已经照顾到每一个使用者和每一种生活情境对灯光的需求，主光源提供环境照明使室内都有均匀的照度，而展示灯、台灯等提供重点照明或局部照明，则丰富了空间的层次，分割了空间区域。多光源的配合，使得空间照明无论是浓墨重彩，还是轻描淡写，都能形成曼妙的空间氛围。如：居室中的客厅，它是室内的主体和中心，它的顶灯应成为空间的主灯，主灯选用良好的光线，如果顶较高可选择吊灯，反之可选择吸顶灯。有些尝试用一组灯作为主灯，在开关上则分开控制。全部开启时，满天繁星，一室辉煌。单独开启时，则星星点点，意境深远。

会客厅的两个主体是沙发和茶几，它们是看电视和聊天的地方，可在沙发边上放一个落地灯，个性且装饰性强的落地灯，配上不同的灯罩，会出现不同的光效果。灯罩的出光口朝上，光线会漫射，带来一些温馨的气息；灯罩的出光口朝下，光线就会对地面和近靠的沙发形成一个特写；灯罩如果采用全玻璃罩设计，光线就可以向四周平均地照射。

灯光可以让人感知到室内各区域空间的界线，运用不同的灯光照度和灯光的色彩对不同的功能空间进行划分。同时灯光还可以强调空间之间的主次关系，通过照度的强弱和色温的变化，以及局部的重点照明，让空间的界定更加清晰，空间的层次感更加丰富。在居室中，客厅应选用柔和的光线，怡人的灯光可以创造浪漫的气氛；餐厅应选用较强的区域灯光，使餐厅笼罩在温馨的氛围中；如果需要在卧室划分学习空间，灯光选用区域照明，不宜过亮，防止影响家人休息；休息区域宜用柔和的光线，给人以朦胧感。居室顶部的高差处理，也可用丰富的灯光艺术效果，增强空间里的层次感。灯光对居室的界定功能，使人产生错落有致的主体感和区域层次感。

照明艺术直接作用于室内环境气氛，同时对人们的生理和心理产生影响。光环境的创造要充分考虑室内空间功能、照明效果以及艺术审美性。优秀的照明设计，在表现空间、调整空间的同时，还能"创造"空间。所以现代室内的照明设计通过不同的照明方式、亮度变化、光影分布来美化环境，烘托气氛，增强空间层次感，是任何设计手法所无法取代的。

色彩的温度感是人们长期生活习惯的反应。低色温给人一种温暖、含蓄、柔和的感觉，高色温带来的是一种清凉奔放的气息。不同色温的灯光，会营造不同的家居表情，调节居室的氛围；如：餐厅的照明应将人们的注意力集中到餐桌，一般用显色性好的暖色吊灯为宜以真实再现食物色泽，引起食欲；卧室灯光色宜采用中性的且令人放松的色调，加上暖调辅助灯，会变得柔和、温暖；橱卫应以功能性为主，灯具光源显色性好。低色温的白光给人一种亲切、温馨的感觉，采用局部低色温的射壁灯可以突显朦胧浪漫的感觉。

第五章 室内空间色彩搭配与运用

现代科学带动了现代设计与色彩的发展，人们对色彩的认识更深一步，对色彩功能的了解也日益加深并不断深化，使色彩的应用在室内设计中处于十分重要的地位。色彩是设计的灵魂，很多室内设计师十分注重色彩在室内设计的作用，尤其重视色彩对现代人们的心理和生理的作用。他们利用人们对色彩的视觉感受，利用室内环境色彩对室内的空间感、舒适度、环境气氛以及使用效率对人内心的影响，来创造每个空间环境，使其富有个性、充满秩序与情调，从而达到事半功倍的效果。室内空间的色彩更像是一抹七彩的光环，使这些空间无不处于生动、活跃、闪烁的状态。色彩成为空间设计中不可或缺的重要因素。

第一节 居住空间色彩设计原理

随着人们生活水平的提高，人们的审美意识也在不断增强，在满足物质丰富的同时也逐渐从物的堆积中解脱出来，要求室内环境艺术设计体现出一定的科学性和艺术美观性。室内环境艺术设计是整体的艺术构成，由空间、形体、色彩及虚实结合、功能组合、意境创造及与周围环境协调组成。在这些设计元素中，色彩是非常重要的要素之一，强烈刺激和影响人的感觉，传达一定的情感和文化象征。

一、色彩的起源和发展

家，是温馨的存放地，是享受抛开工作压力的场所，是与家人共享天伦之乐的港湾……身心俱疲的现代人劳累一天之后推开家门，渴望融入温馨的氛围之中。可是，事与愿违，无数的人走进家门之后依然浮躁，依然心神不宁，依然感觉不到身心可以释放的那种舒畅感觉。为什么会这样呢？其实，我们只不过是由一个大的充斥着各种恼人因素的场所，进入到一个与外面没什么两样的地方，不同的是，这是我们自设的。我们一手炮制了太多的装修败笔，而其中较易为人所忽视的，是对居室色调的不当搭配。色彩作为家居环境构成的一个十分关键的元素，在如今越来越追求多彩化生活的家庭中也变得极为重要。很多人会比较倾向于认为家中色彩的选择是可以完全根据个人的喜好来决定，其实不然，这当中是很有学问的。当人们意识到色彩对人的情绪以及健康会有很大影响时，就要求在设计时多些理性的考虑，最好能够兼顾自己的喜好和对目前生活与未来生活的规划。

要深入剖析一种事物，了解其起源和发展是不可或缺的环节。人类使用颜色，大约在15—20万年以前的冰河时期。我们在原始时代的遗址中，发现有同遗物埋在一起的红土，涂了红色的骨器遗物，在劳动中用美丽的颜色表示自己的感情而制作的。红色，原始人把它作为生命的象征，有人认为红色是鲜血的颜色，原始人使用红土、黄土涂抹自己的身体，涂染劳动工具，这可能是对自己威力的崇拜，带有征服自然的目的。经过人们长期的努力，到了现代社会，我们把色彩分为无彩色和有彩色两大类。前者如黑、白、灰，后者如红、黄、蓝等七彩。有彩色就是具备光谱上的某种或某些色相，统称为彩调。与此相反，无彩色就没有彩调。这彩调跟无彩调在家居色彩的运用中可是大有学问。美国学者研究发现：悦目明朗的色彩能够通过视神经传递到大脑神经细胞，从而有利于促进人的智力发育。在和谐色彩中生活的少年儿童，其创造力高于普通环境中的成长者。若常处于让人心情压抑的色彩环境中，则会影响大脑神经细胞的发育，从而使智力下降。形成这样的结果，主要跟我们人体的生理有着密切的联系，在家居色彩的搭配上稍不注意，这个无形的危险因素就会伴随着居室里的每一个成员，日积月累地变成一种不可忽视的力量，继而影响到生活的方方面面，危害着我们的身体。

二、人类对色彩的心理反应和生理反应

事实上，色彩生理和色彩心理过程是同时交叉进行的，它们之间既相互联系，又相互制约。在有一定的生理变化时，就会产生一定的心理活动；在有一定的心理活动时，也会产生一定的生理变化。比如，红色能使人生理上脉搏加快，血压升高，心理上具有温暖的感觉。长时间红光的刺激，会使人心理上产生烦躁不安，在生理上欲求相应的绿色来补充平衡。因此色彩的美感与生理上的满足和心理上的快感有关。色彩心理是客观世界的主观反映。不同波长的光作用于人的视觉器官而产生色感时，必然导致人产生某种带有情感的心理活动。据研究颜色和人类情绪关系的专家考证，由于各个民族以至每个人的生理特点（如性别、年龄等）、心理变化（如欢乐、喜悦、悲哀等）和所处的社会条件（如政治、经济、文化、科学、艺术、教育等）与自然环境不同，从而表现在气质、性格、爱好、兴趣以及风格习惯等方面有所不同，在色彩方面则各有偏爱。各个时代、各个地区、各个时期，人们对色彩的审美要求、审美理想也是不一样的。有时一种新颖时髦的流行色是人们所追求的配色；不同的色彩配合能形成富丽华贵、热烈兴奋、欢乐喜悦、文静典雅、含蓄沉静、朴素大方等不同情调。当配色反映的情趣与人的思想情绪发生共鸣时，也就是当色彩配合的形式结构与人的心理形式结构相对应时，那么人们将感到色彩和谐的愉快。

因此，色彩的设计运用，必须研究不同对象的色彩喜好心理，分别情况，区别对待，做到有的放矢。不同颜色对人的情绪和心理的影响有差别。

三、居住空间与色彩

在同一空间中使用多种颜色，就必须注意色调的变化。伊顿在《色彩艺术》中指出："连续对比与同时对比说明了人类的眼睛只有在互补关系建立时，才会满足或处于平衡。""视觉残像的现象和同时性的效果，两者都表明了一个值得注意的生理上的事实，即视力需要有相应的补色来对任何特定的色彩进行平衡，如果这种补色没有出现，视力还会自动地产生这种补色。""互补色的规则是色彩和谐布局的基础，因为遵守这种规则便会在视觉中建立精确的平衡。"[①] 伊顿提出的"补色平衡理论"揭示了一条色彩构成的基本规律，对色彩艺术实践具有十分重要的指导意义。我们现在室内色彩的组合，比较具有代表性的有

---

① （德）约翰内斯·伊顿.色彩艺术 [M].杜定宇，译.上海：上海世界图书出版公司，1999.

两种方式。第一种是强调色彩的调和与共性。为达到柔和圆润的色彩效果，较多采用近似色或邻近色。设计时常选择一主色调，其他色彩精心搭配，并讲究正规，对称和有序。这是比较传统的组合方式。另一种则是强调色彩间的对比和变化，为营造室内活跃、浓郁的气氛，较多的选用对比色或互补色。色彩间搭配随意，不讲究规范，不拘泥形式。如门窗的色彩不求对称，瓷砖的色彩组合没有规则，这种方式使人联想起印象派画家马奈的一幅油画名作《吹笛子的少年》，主人公是个吹笛的孩子，穿这深黑上衣大红色的裤子，背景近似平涂的蓝灰色。作品色彩对比显示强烈的反差情感，印象深刻。加强色彩的魅力。背景色、主体色、强调色三者之间的色彩关系绝不是孤立与固定的，如果机械地理解和处理，必然千篇一律，变得单调。换句话，既要有明确的图底关系、层次关系和视觉中心，但又不刻板、僵化，才能达到丰富多彩。这就需要用下列三个办法：

（一）色彩的重复或呼应

即将同一色彩用到关键性的几个部位上去，从而使其成为控制整个室内的关键色。例如用相同色彩于家具、窗帘、地毯，使其他色彩居于次要的、不明显的地位。同时，也能使色彩之间相互联系，形成一个多样统一的整体，色彩上取得彼此呼应的关系，才能取得视觉上的联系和唤起视觉的运动。例如白色的墙面衬托出红色的沙发，而红色的沙发又衬托出白色的靠垫，这种在色彩上图底的互换性，既是简化色彩的手段，也是活跃图底色彩关系的一种方法。

（二）布置成有节奏的连续

色彩有规律布置，容易引起视觉上的运动，或称色彩的韵律感。色彩韵律感不一定用于大面积，也可用于位置接近的物体上。当在一组沙发、一块地毯、一个靠垫、一幅画或一簇花上都有相同的色块而取得联系，从而使室内空间物与物之间的关系，像"一家人"一样，显得更有凝聚力。墙上的组画、椅子的坐垫、瓶中的花等等均可作为布置韵律的地方。

（三）强烈对比

生活中的色彩往往不是单独存在。我们观察色彩时，或是在一定背景中观察，或是几种色彩并列，或是先看某种色彩再看另一种色彩，等等。这样所看到的色彩就会发生变化，形成色彩对比现象，影响心理感觉。色彩由于相互对比而得到加强，一经发现室内存在对比色，也就是其他色彩退居次要地位，视觉很快集中于对比色。通过对比，各自的色彩更加鲜明，从而加强了色彩的表现力。提到色彩对比，不要以为只有红与绿、黄与紫等，色相上的对比，实际上采用明度的对比、彩度的对比、清色与浊色对比、彩色与非彩色对比，常比用色相对比还多一些，或哪些色彩再减弱一些，来获得色彩构图的最佳效果。不论采取何种加强色彩的力量和方法，其目的都是为达到室内的统一和协调，加强色彩的呼应和对比。例如一片沉闷或平淡的色调中如果点缀少量鲜艳的对比色，有如以石击水，一潭死水马上就会变得有生气了。"一烛之光，通体皆灵"，点缀色的应用能达到"平中求奇"的突破。"点睛"要求点缀色的布局位置要恰当，不点在"睛"上，就成了"添足"。"点睛"还要求在面积上也要恰当,面积过大,统一的色调就会被破坏;面积太小,容易被周围色彩吃掉而起不到应有的作用。点缀色具有醒目、活跃的特点。有经验的配色总是十分慎重地,十分珍惜地将最鲜明、最生动的色彩用到最关键的地方。

1. 色彩的过渡

在室内设计中,一个色彩面转化为另一色彩面时,需要利用中间的颜色进行过渡,以避免颜色变化生硬,产生感觉差,让人觉得很突然。比如,一组或几组补色关系的色或对比色放在一起很难相处,十分吵闹,若加入白色混合其中,使他们显得既对比而又调和,也显得明朗、艳丽、洁净、欢快、热烈且舒适。所以,白色是不可丢失的重要色彩。

2. 色彩的选择

根据不同阶层的劳动群体所做的调查表明,体力劳动者喜爱鲜艳色彩,脑力劳动者喜爱调和色彩;农村地区喜爱极鲜艳的,成补色关系的色彩;高级知识分子则喜爱复色、淡雅色、黑色等较成熟的色彩。色彩对人的心理产生重要作用,不同的年龄、性别、风俗习惯,对色彩的喜爱不同。根据实验心理学的研究,人随着年龄上的变化,生理结构也发生变化,色彩所产生的心理影响随之有别。有人做过统计:儿童大多喜爱极鲜艳的颜色。婴儿喜爱红色和黄色,4—9岁儿童最喜爱红色,9岁的儿童又喜爱绿色,7—15岁的小学生中男生的色彩爱好次序是绿、红、青、黄、白、黑;女生的爱好次序是绿、红、白、青、黄、黑。随着年龄的增长,人们的色彩喜好逐渐向复色过渡,向黑色靠近。也就是说,年龄愈近成熟,所喜爱色彩愈倾向成熟。这是因为儿童刚走入这个大千世界,脑子思维一片空白,什么都是新鲜的,需要简单的、新鲜的、强烈刺激的色彩,他们神经细胞产生得快,补充得快,对一切都有新鲜感。随着年龄的增长,阅历也增长,脑神经记忆库已经被其他刺激占去了许多,色彩感觉相应就成熟和柔和些。在这里,要特地谈谈灰色。灰色原意是灰尘之色,从光学上看,它居黑、白之间,属中明度无彩色或低彩色系。从生理上看,它对眼睛刺激适中,既不眩目,也不深沉,属于视觉不易疲劳之色。因此,视觉以及心理对它反映平淡、乏味、休息、抑制、枯燥、单调,没有兴趣,甚至沉闷、寂寞、颓丧。在生活中,灰色与含灰色量大的物体其鲜艳度低,因而最不引人注目。许多美好而鲜艳的色彩蒙上了灰,显得脏、旧、不卫生、衰败、枯萎、不动人,表现出灰色的消极面。所以人们常用灰色比喻丧失斗志、失去进取心、意志不坚、颓废不前。但灰色是最复杂的色、高级毛料、高级汽车、精密仪器都用灰色作单色装饰,所以漂亮的灰色作单色使用是很高雅的,但只有较高文化层次的人才欣赏。因此,灰色有时给人以高雅、精致、含蓄、耐人寻味的印象。所以,面对不同的对象,要充分考虑各种各样的因素,综合出一个最佳的色彩方案,从而营造出一个健康舒适的居住空间。

每种色彩都具有个性、性格,如同人一样。色彩不仅有个性,而且有性别、有味道、有温度、有软硬、有形状、有轻重、有大小、有胖瘦,还有季节、有年龄、职业、地区等象征意义。单色相有,多色相组合也有,这就是色彩。随着现代社会的高速发展,人们的环保意识也越来越强烈,对冰冷的工业颜色产生了审美疲劳,大自然色调已经成为人们家居色彩的首选。面向大自然,深入大自然,从大自然色彩中捕捉艺术灵感,汲取艺术营养,开拓新的色彩思路。

色彩是大自然中最神奇的现象，不管人们是否对其感兴趣，色彩都会影响人们的生理与心理活动。色彩具有精神的价值！人常常感受到色彩对自己心理的影响，这些影响总是在不知不觉中发生作用，左右我们的情绪。色彩的心理效应发生在不同层次中，有些属直接的刺激，有些要通过间接的联想，更高层次则涉及人的观念与信仰。我们的生活离不开色彩，居住环境要科学健康，家居色彩这块是重要的组成部分。但单单色彩上的成功是很难创造出一个令人满意的家居空间的，它还需要其他诸如空间布局、家具、装饰品等因素的相互配合，才能营造出令人感动的家居空间，而这时，推开家门，展现在人们面前的，将是闪烁着不凡光芒的艺术品……

二、居住空间色设计原则

色彩的设计在室内设计中起着改变或者创造某种格调的作用，会给人带来某种视觉上的差异和艺术上的享受。人在进入某个空间最初几秒钟内得到的印象百分之七十五是对色彩的感觉，然后才会去理解形体。所以，色彩对人们产生的第一印象是室内装饰设计不能忽视的重要因素。在室内环境中的色彩设计要遵循一些基本的原则，这些原则可以更好地使色彩服务与整体的空间设计，从而达到最好的境界。

（一）整体统一的原则

各种室内设计风格，不管是古典风格、现代风格、自然风格等都有一个逐步形成的历史过程，通常是同当地的人文因素和自然条件密切结合起来的，在艺术、文化、社会发展方面有深刻的内涵。一个成熟的室内风格，其用色、选材、陈设都有比较固定的模式，从天花、墙面到地面，一般都有统一的做法，不能随便改动。

在室内环境中，各种色彩相互作用于空间中，和谐与对比是最根本的关系，色彩的协调意味着色彩三要素——色相、明度和纯度之间的靠近，从而产生一种统一感，但要避免过于平淡、沉闷与单调。因此，色彩的和谐应表现为对比中的和谐、对比中的衬托。

（二）人对色彩的感情原则

不同的色彩会给人心理带来不同的感觉，所以在确定居室与饰物的色彩时，要考虑人们的感情色彩。比如，黑色一般只用来作点缀色，老年人适合具有稳定感的色系，沉稳的色彩也有利于老年人身心健康；青年人适合对比度较大的色系，让人感觉到时代的气息与生活节奏的快捷；儿童适合纯度较高的浅蓝、浅粉色系等。

（三）要满足室内空间功能需求的原则

不同的空间有着不同的使用功能，色彩的设计也要随着功能的差异而做相应变化。调整室内空间可以利用色彩的明暗度来创造气氛。使用高明度色彩可获光彩夺目的室内空间气氛；使用低明度的色彩和较暗的灯光来装饰，则赋予人一种"隐私性"和温馨之感。

（四）力求符合空间构图需要的原则

室内色彩配置必须符合空间构图的需要，充分发挥室内色彩对空间的美化作用，正确处理协调和对比、统一与变化、主体与背景的关系。在进行室内色彩设计时，首先要定好空间色彩的主色调。色彩的主色调在室内气氛中起主导、陪衬、烘托的作用。形成室内色彩主色调的因素很多，主要有室内色彩的明度、色度、纯度和对比度，其次要处理好统一与变化的关系，要求在统一的基础的求变化。此外，室内色彩设计要体现稳定感、韵律感和节奏感。为了达到空间色彩的稳定感，常采用上轻下重的色彩关系。室内色彩的起伏变化，应形成一定的韵律和节奏感。

（五）与室外环境呼应的原则

自然的色彩引进室内、在室内创造自然色彩的气氛，可有效地加深人与自然的亲密关系。自然物的色彩极为丰富，它们可给人一种轻松愉快的联想，并将人带入一种轻松自然的空间之中，同时也可让内外空间相融。自然界的色彩，必然能与人的审美情趣产生共鸣。

第二节　居住空间中的色彩搭配方法

一、居住空间设计色彩的基本要求

居住空间设计色彩的基本要求在进行室内色彩设计时，应首先了解和色彩有密切联系的以下几个问题：

（一）空间的使用目的

不同的使用目的，如会议室、病房、起居室，显然在考虑色彩的要求、性格的体现、气氛的形成各不相同。

（二）空间的大小、形式

色彩可以按不同空间大小、形式来进一步强调或削弱。

（三）使用空间的人的类别

老人、小孩、男、女，对色彩的要求有很大的区别，色彩应适合居住者的爱好。

（四）空间的方位

不同方位在自然光线作用下的色彩是不同的，冷暖感也有差别，因此，可利用色彩来进行调整。

（五）该空间所处的周围情况

色彩和环境有密切联系，尤其在室内，色彩的反射可以影响其他颜色。同时，不同的环境，通过室外的自然景物也能反射到室内来，色彩还应与周围环境相协调。

（六）使用者在空间内的活动及使用时间的长短

学习的教室，工业生产车间，不同的活动与工作内容，要求不同的视线条件，才能提高效率、安全和达到舒适的目的。长时间使用的房间的色彩对视觉的作用，应比短时间使用的房间强得多。色彩的色相、彩度对比等的考虑也存在着差别，对长时间活动的空间，主要应考虑不产生视觉疲劳。

（七）使用者对于色彩的偏爱。

一般说来，在符合原则的前提下，应该合理地满足不同使用者的爱好和个性，才能符合使用者心理要求。在符合色彩的功能要求原则下，可以充分发挥色彩在构图中的作用。

二、居住空间设计中的色彩选配

（一）色彩的协调问题

室内色彩设计的根本问题是配置问题，这是室内色彩效果优劣的关键，孤立的颜色无所谓美或不美。就这个意义上说，任何颜色都没有高低贵贱之分，只有不恰当的配色，而没有不可用的颜色。色彩效果取决于不同颜色之间的相互关系，同一颜色在不同的背景条件下，其色彩效果可以迥然不同，这是色彩所特有的敏感性和依存性，因此如何处理好色彩之间的协调关系，就成为配色的关键问题。如前所述，色彩与人的心理、生理有密切的关系。

当我们注视红色一定时间后，再转视白墙或闭上眼睛，就仿佛会看到绿色。此外，在以同样明亮的纯色作为底色，色域内嵌入一块灰色，如果纯色为绿色，则灰色色块看起来带有红味，反之亦然。这种现象，前者称为"连续对比"，后者称为"同时对比"。而视觉器官按照自然的生理条件，对色彩的刺激本能地进行调节，以保持视觉上的生理平衡，并且只有在色彩的互补关系建立时，视觉才得到满足而趋于平衡。

如果我们在中间灰色背景上去观察一个中灰色的色块，那么就不会出现和中灰色不同的视觉现象。因此，中间灰色就同人们视觉所要求的平衡状况相适应，这就是考虑色彩平衡与协调时的客观依据。色彩协调的基本概念是由白光光谱的颜色，按其波长从紫到红排列的，这些纯色彼此协调，在纯色中加进等量的黑或白所区分出的颜色也是协调的，但不等量时就不协调。例如米色和绿色、红色与棕色不协调，海绿和黄接近纯色是协调的。在色环上处于相对地位并形成一对补色的那些色相是协调的，将色环三等分，造成一种特别和谐的组合。

色彩的近似协调和对比协调在室内色彩设计中都是需要的，近似协调固然能给人以统一和谐的平静感觉，但对比协调在色彩之间的对立、冲突所构成的和谐和关系却更能动人心魄，关键在于正确处理和运用色彩的统一与变化规律。和谐就是秩序，一切理想的配色方案，所有相邻光色的间隔是一致的，在色立体上可以找出七种协调的排列规律。

（二）室内色彩构图的作用

（1）可以使人对某物引起注意，或使其重要性降低。

（2）色彩可以使目的物变得最大或最小。

（3）色彩可以强化室内空间形式，也可破坏其形式。

例如：为了打破单调的六面体空间，采用超级平面美术方法，它可以不依天花、墙面、地面的界面区分和限定，自由地、任意地突出其抽象的彩色构图，模糊或破坏了空间原有的构图形式。

（4）色彩可以通过反射来修饰。由于室内物件的品种、材料、质地、形式和彼此在空间内层次的多样性和复杂性，室内色彩的统一性，显然居于首位。

如墙面、地面、天棚，它占有极大面积并起到衬托室内一切物件的作用。因此，背景色是室内色彩设计中首要考虑和选择的问题。不同色彩在不同的空间背景上所处的位置，对房间的性质、对心理知觉和感情反应可以造成很大的不同，一种特殊的色相虽然完全适用于地面，但当它用于天棚上时，则可能会产生完全不同的效果。

（三）室内色彩的分类

（1）作为大面积的色彩，对其他室内物件起衬托作用的背景色。

（2）在背景色的衬托下，以在室内占有统治地位的家具为主体色。

（3）作为室内重点装饰和点缀的面积小却非常突出的重点或称强调色。

三、居住空间设计中的色彩创意

不同色彩物体之间的相互关系形成的多层次的背景关系，如沙发以墙面为背景，沙发上的靠垫又以沙发为背景，这样，对靠垫来说，墙面是大背景，沙发是小背景或称第二背景。另外，在许多设计中，如墙面、地面，也不一定只是一种色彩，可能会交叉使用多种色彩，图形色和背景色也会相互转化，必须予以重视。色彩的统一与变化，是色彩构图的基本原则。所采取的一切方法，均为达到此目的而做出选择的决定，应着重考虑以下问题：

（一）主调

室内色彩应有主调或基调，冷暖、性格、气氛都通过主调来体现。对于规模较大的建筑，主调更应贯穿整个建筑空间，在此基础上再考虑局部的、不同部位的适当变化。主调的选择是一个决定性的步骤，因此必须和要求反映空间的主题十分贴切。即希望通过色彩达到怎样的感受，是典雅还是华丽，安静还是活跃，纯朴还是奢华。用色彩语言来表达不是很容易的，要在许多色彩方案中，认真仔细地去鉴别和挑选。北京香山饭店为了表达如江南民居的朴素、雅静的意境，和优美的环境相协调，在色彩上采用了接近无彩色的体系为主题，不论墙面、顶棚、地面、家具、陈设，都贯彻了这个色彩主调，从而给人统一的、完整的、深刻的、难忘的、有强烈感染力的印象。主调一经确定为无彩系，设计者绝对不应再迷恋于市场上五彩缤纷的各种织物、用品、家具，而是要大胆地将黑、白、灰这种色彩用到平常不常用该色调的物件上去。这就要求设计者摆脱世俗的偏见和陈规，所谓"创造"也就体现在这里。

（二）大部位色彩的统一协调

主调确定以后，就应考虑色彩的施色部位及其比例分配。作为主色调，一般应占有较大比例，而次色调作为与主调色，只占小部分比例。上述室内色彩的三大部分的分类，在室内色彩设计时，绝不能作为考虑色彩关系的唯一依据。分类可以简化色彩关系，但不能代替色彩构思，因为，作为大面积的界面，在某种情况下，也可能作为室内色彩重点表现对象。例如，在室内家具较少时或周边布置家具的地面，常成为视觉的焦点，而予以重点装饰。因此，可以根据设计构思，采取不同的色彩层次或缩小层次的变化。选择和确定图底关系，突出视觉中心，例如：

（1）用统一顶棚、地面色彩来突出墙面和家具。

（2）用统一墙面、地面来突出顶棚、家具。

（3）用统一顶棚、墙面来突出地面、家具。

（4）用统一顶棚、地面、墙面来突出家具。

这里应注意的是如果家具和周围墙面较远，如大厅中岛式布置方式，那么家具和地面可看作是相互衬托的层次。这二层次可用对比方法来加强区别变化，也可用统一办法来削弱变化或各自结为一体。在作大部位色彩协调时，有时可以仅突出一两件陈设，即用统一顶棚、地面、墙面、家具来突出陈设，如墙上的画、书橱上的书、桌上的摆设、座位上的靠垫以及灯具、花卉等。由于室内各物件使用的材料不同，即使色彩一致，由于材料质地的区别还是显得十分丰富的，这也可靠作室内色彩构图中难得具有的色彩丰富性和变化性的有利因素。因此，无论色彩简化到何种程度也绝不会单调。色彩的统一，还可以采取选用材料的限定来获取。例如可以用大面积木质地面、墙面、顶棚、家具等。也可以用色、质一致的蒙面织物来用于墙面、窗帘、家具等方面。某些设备，如花卉盛具和某些陈设品，还可以采用套装的办法，来获得材料的统一。

（三）加强色彩的魅力

背景色、主体色、强调色三者之间的色彩关系绝不是孤立的、固定的，如果机械地理解和处理，必然千篇一律，变得单调。换句话，既要有明确的图底关系、层次关系和视觉中心，但又不刻板、僵化，才能达到丰富多彩。

这就需要用下列三个办法：

1.色彩的重复或呼应

即将同一色彩用到关键性的几个部位上去，从而使其成为控制整个室内的关键色。例如用相同色彩于家具、窗帘、地毯，使其他色彩居于次要的、不明显的地位。同时，也能使色彩之间相互联系，形成一个多样统一的整体，色彩上取得彼此呼应的关系，才能取得视觉上的联系和唤起视觉的运动。例如白色的墙面衬托出红色的沙发，而红色的沙发又衬托出白色的靠垫，这种在色彩上图底的互换性，既是简化色彩的手段，也是活跃图底色彩关系的一种方法。

2. 布置成有节奏的连续

色彩的有规律布置，容易引起视觉上的运动，或称色彩的韵律感。色彩韵律感不一定用于大面积，也可用于位置接近的物体上。当在一组沙发、一块地毯、一个靠垫、一幅画或一簇花上都有相同的色块而取得联系，从而使室内空间物与物之间的关系，像"一家人"一样，显得更有凝聚力。墙上的组画、椅子的坐垫、瓶中的花等均可作为布置韵律的地方。

3. 用强烈对比

色彩由于相互对比而得到加强，一经发现室内存在对比色，也就是其他色彩退居次要地位，视觉很快集中于对比色。通过对比，各自的色彩更加鲜明，从而加强了色彩的表现力。提到色彩对比，不要以为只有红与绿、黄与紫等，色相上的对比，实际上采用明度的对比、彩度的对比、清色与浊色对比、彩色与非彩色对比，常用色相对比还多一些，或哪些色彩再减弱一些，来获得色彩构图的最佳效果。不论采取何种加强色彩的力量和方法，其目的都是达到室内的统一和协调，加强色彩的孤立。总之，解决色彩之间的相互关系，是色彩构图的中心。室内色彩可以统一划分成许多层次，色彩关系随着层次的增加而复杂，随着层次的减少而简化，不同层次之间的关系可以分别考虑为背景色和重点色。背景色常作为大面积的色彩宜用灰调，重点色常作为小面积的色彩，在彩度、明度上比背景色要高。

在色调统一的基础上可以采取加强色彩力量的办法，即重复、韵律和对比强调室内某一部分的色彩效果。室内的趣味中心或视觉焦点重点，同样可以通过色彩的对比等方法来加强它的效果。通过色彩的重复、呼应、联系，可以加强色彩的韵律感和丰富感，使室内色彩达到多样统一，统一中有变化，不单调、不杂乱，色彩之间有主有从有中心，形成一个完整和谐的整体。

四、小户型的室内空间分隔与色彩设计设

近年来，随着人口基数的增加和城市人口比例的提高，加之楼市房价逐年攀升，小户型成为大众尤其是年轻白领的选择。本文将从小户型住户使用需求的角度，仅从室内空间的划分与利用和色彩的搭配两个方面，阐释小户型的室内设计原则。

（一）小户型的内涵及流行趋势

小户型顾名思义就是居住环境相对比较狭小，但是还得满足人们起居生活会客等一些必需功能的家居空间。人们通常把 15—90m² 的居住空间定义为小户型。其特点是空间面积虽然比较小，但能够基本满足人正常生理需求活动。

当前，青睐小户型的大多为年轻人，小户型的未来发展趋势良好，并且有着很大的发展空间，越来越多的单身一族更是钟情于小户型，把属于自己的小空间设计和装扮得个性十足，凭自己的喜好进行设计和布局，打造一处完全属于自己的空间。小户型的发展满足了社会上中低收入者拥有一个家的愿望，这也是小户型能够成为一种当今社会流行的趋势的一个很大的原因。

（二）小户型的住户特点分析

根据社会调查，小户型的居住业主多半是单身年轻人、新婚夫妇或独立生活的老年夫妇。其中，30—40m² 这类超小户型的住户群以单身青年为主，50—60m² 以上相对较大的小户型住户则以小家庭单元为主。根据不同的业主人群，小户型的设计风格也不尽相同。青年人居住的小户型住房布置应以简洁、时尚、舒适为主；而老年住户则具有生活相对稳定、生活方式简单等特点，室内的静态、休闲设施较多，对储藏空间要求较高。

总体而言，选择小户型的住户一般对自身居住舒适度要求较高，而对社交功能要求相对薄弱。所以，室内空间设计在功能分区上应注意权衡公共空间和私密空间的比重与分隔，使空间应用更加合理化、灵活化。

（三）小户型室内空间的分隔

由于小户型空间尺度有限，内部又要包含非常丰富的内容，就要求在划分功能空间时，把满足使用要求放在首位，局部功能空间尺度适宜即可。同时，如今的小户型格局不再单一；复式、错层等结构也逐渐出现在小户型空间里，导致小户型格局越来越复杂，所以它的合理使用更需要设计的介入，才能够让创意为人们的生活带来更多的选择。鉴于小户型面积狭小，空间紧凑，其重要的设计原则就是要充分利用空间，重装饰轻装修。

1. 小户型的居室，应该合理区隔空间，提高利用率

小户型的类似功能区可以进行统一布置，应尽量合并、重叠。如厨房和餐厅的部分区域可以共用，走餐厨一体化线路，这种开放式厨房的设计，通过共用部分区域，既节约了空间，又增强了空间感，无论从视觉上还是功能上都能够大大提升舒适度。

小户型合理的空间分隔非常重要。在现有的空间面积基础上间隔的合理与否，对空间的大小会有明显的视觉影响。一般说来，在小户型的空间分隔上应注意以下几点：首先，小户型设计中房间不宜做太多分隔，公共空间中的隔断，如餐厅、客厅、阳台之间的隔断，应尽量少设或者不设。其次，应尽量保持空间的完整性，隔而不断，在功能分区的划分上，可通过通透式隔断、软隔断等，让空间变得通透；同时，在不影响使用功能的基础上，增加室内空间的层次感和装饰效果，运用借景、透景、对比等手法"以小见大"，从而达到延展空间的效果。例如在客厅和书房之间利用书架作为隔断，既解决了藏书、摆设的收纳功能，又能起到分隔空间的作用。也可以通过墙高差、地高差等方式来达到区分空间的目的。此外，不同材质或颜色的地板、织物以及灯光照明等都是小户型分隔空间较好的手段。

2. 增大视觉空间感

虽然小户型住宅的使用面积相对狭小，但还是可以通过一些处理手段来达到扩大空间的视觉效果：

（1）增强反光效果。用玻化砖、烤漆玻璃增强反光或利用玻璃镜面反射可以拓展空间。

（2）用横条纹的造型或配饰来延展视觉空间。横向条纹的造型可以加强人们视觉上的透视效果，使人视觉空间感增强。

3.最大限度利用空间

小户型住宅一般多为开敞空间，非承重的室内隔墙，如采用轻质隔墙或可移动隔墙，可达到增加或改变室内可用空间的目的。

（四）小户型的色彩搭配

色彩设计是室内设计中非常重要的影响因素。小户型的居室如果色彩搭配不合理，会让房间显得更昏暗狭小，因此色彩设计在结合自己爱好的同时，一般选择明度比较高的色彩作为装修主色调，以增强空间的整体性和采光效果。

现在很多人在装修时候都愿意给自己的空间涂上一些彰显个性的颜色，但是如果在小户型中大面积使用太过饱和的颜色，就会使人长时间处于视觉刺激中，从而产生压抑感。在小户型色彩的设计过程中，应注意以下两点：一是墙面、天花板、地面的色彩。在色彩设计中墙面应该尽量运用浅色或柔和的色彩作为主色。因为这些颜色在扩大空间的同时也符合人们的审美。天花板对光线有一定的反射作用，为了减轻天花板的压抑感，增大室内环境的明亮度，可选用白色、浅蓝色等浅色。一般来说，地面应该比墙面颜色深一些，如木色、蓝灰色，以及纯度低的色彩。这样与明度较高的色彩搭配起来，深色所产生的下沉感，可以减弱浅色调产生的漂浮感。二是家具的颜色，家具的颜色是墙面的前景色，当房间面积小而层高又矮时，家具色彩可选用墙面的类似色，使墙面与家具色融合，从而达到增大空间的效果。通过色彩的巧妙搭配，打造整体优雅、清新明亮或温馨明朗，清新明快的室内氛围，给人带来轻松、愉快的心理感受。

一个好的设计不在于空间的大小，而在于是否能把有限空间做出无限的氛围来，达到实用性和艺术性的完美统一。小户型住宅的发展是当今社会的流行趋势，相对于普通户型，小户型更为紧凑、精致、玲珑，如果设计合理，就可以做到小而精、小而全，使有限的空间无限放大，营造出一种独特的氛围。

五、儿童居室色彩设计实例

儿童居室的是儿童的休息、玩耍的地方。因而儿童居室的设计对儿童的成长发育有着极其重要的影响。良好的儿童居室设计应该从各种角度重视对儿童能力的培养及引导，在这种情况下，有必要对儿童居室色彩进行深层次的研究。

（一）儿童居室色彩设计的现状

1.忽略了儿童在个性发展方面的需要

从我国目前儿童居室所体现出来的设计风格来看，多数居室内的色彩缺少个性化，多数儿童居室甚至无法判断居室内居住的儿童的性别，更不用说通过居室的色彩设计来体现小主人的爱好和个人性格。生活在这种环境中的小主人也不会对这样的居室环境有什么亲密的感情。对于室内设计师来说，应从小主人不同的个人特点出发通过灵活的色彩处理方式来体现小主人的个性与品位，也展示出家居设计中应有的人文关怀。

2. 忽视了儿童居室的环保的要求

有的儿童居室设计片面强调了色彩所具有的鲜艳，在设计中显得杂乱无章，体现不出色彩表现应具有的协调性，同时在选择材料时对环保要求缺少一定的重视。造成这种现象的原因主要是儿童居室设计缺少专业人员或者设计人员自身设计水平。因而在实际中仅仅以色彩眩目的配色方式来设计儿童居室。

3. 居室色彩设计整体感不强

目前在儿童居室色彩设计上还存在着居室色彩设计对色彩的整体感忽略不重视的问题。表现是在儿童居室的色彩设计中色彩之间搭配不协调，缺乏整体感，色彩和色彩之间显得孤立并且没有层次感。造成这种情况的主要原因是设计师在进行儿童居室设计的时候没有重视色彩之间的配制和协调，造成了在居室设计过程中色彩过渡的不自然，忽视了整体化设计的重要性。好的儿童居室设计应在是色彩变化和色彩鲜艳度结合的基础上，还要注重色彩所具有的连续性与整体感，这才能够使色彩真正变成一种居室的设计语言，用这种设计语言来描述小主人丰富多彩的性格及生活，加强儿童居室设计中色彩运用。

（二）儿童居室色彩设计的实施策略

通过分析儿童居室色彩的现状可以看出，在儿童居室的色彩设计中应善加运用色彩这种表达方式，细化到具体的儿童居室设计中，应该通过确定设计目标和市场调查弄清楚儿童的需求，并因此确定设计方案。具体来说，包括以下步骤。

1. 确定设计目标

在具体的儿童居室色彩设计过程中要在做好设计准备的基础上，明确设计主体后确定设计目标。在儿童居室色彩设计目标的过程中首先要弄清楚客户的要求，对儿童居室的情况有清晰的认识。做好对儿童性格及色彩偏好的了解的基础工作。通过这些准备工作，将设计主题加以明确，完成对儿童居室内设计风格及色彩等相关问题的解决思路的确定。并在此基础上，对设计轮廓进行勾勒，并逐渐具体量化对儿童居室色彩设计的目标。

2. 市场调查

市场调查具体指的是在对儿童居室进行设计的过程中对相关资料的搜集，对在设计过程中发现的问题及时解决，并根据调查结果进行目标修订。在这个程序中，儿童居室的设计者应通过采用不同的调查方面，多方面多渠道地搜集与儿童居室色彩设计相关的典型案例，并借鉴案例中的成功经验，同时也要注重对失败案例的教训的吸取。通过周密细致的市场调查，儿童居室设计人员可以很清楚地了解儿童对色彩的喜欢，对于居室生活方式的要求以及与居室色彩设计相关的心理需求等相关信息。

3. 方案设计与选择

这部分是儿童居室色彩设计的重心，在这个过程中应以儿童居室设计的主体和目标为基础，在确定的设计切入点的基础上，确定具体的儿童居室色彩设计方案。在方案设计与选择的过程中应围绕着居室的小主人对色彩的偏好及其行为出发，确定居室应有的主色调。

在形式美法则应用中处理好色彩的搭配，最后确定居室的色彩设计方案。在方案的设计过程中应制定多个方案供客户来选择，让儿童和家长最后确定与儿童审美和儿童身心健康发展相和谐统一的色彩搭配。

4. 方案的实施

在儿童居室色彩设计方案的实施中，应制定严格的实施步骤，确保所确定的设计方案能够实现。在设计方案实施的进程中，需要不断总结色彩设计中的优点与不足，不断对设计进行评价，这是对本次设计实施的重视，也是对以后设计打好基础。

综上所述，设计人员在对儿童居室进行色彩设计时，应以儿童对色彩的认知和喜好及心理需求为基础，结合周密的设计程序要求，来实现对儿童居室色彩设计的要求。

伴随着人民生活水平的提高，儿童及家长们对儿童居室色彩设计的要求有逐渐升高的趋势，因而设计人员们应不断提高对色彩和儿童与此相关的心理及性格爱好等需求的发展趋势，通过不断的努力设计出更符合市场需求的儿童居室设计。

第六章 室内软装的陈设设计

室内设计与软装陈设设计既有区别又有联系，二者是整体与局部的关系，是相辅相成的关系。软装陈设设计是室内设计的有机组成部分，也是不可割裂的细分专业。

第一节 陈设设计的基本理论

一、室内陈设设计的内涵

软装陈设设计又称室内陈设艺术设计，是室内设计中不可缺少的重要组成部分，是室内设计完成之后的二次装饰和深化设计。室内设计是指根据建筑内部空间的使用性质和所处的周边环境，运用物质技术手段和艺术手段创造功能更合理、视觉更美观、运用更舒适且更符合人们生理、心理需求的生活环境。软装陈设设计则是利用各种艺术形式和艺术产品进行整合，以烘托室内的格调、氛围、品位和意境，一般不涉及建筑的结构和改造。然而，软装陈设设计不仅仅停留在摆放家具、工艺品、挂画、摆花和挂窗帘等如此简单的装饰层面上，它涵盖了整个项目的使用者和陈设品以及整个空间环境的内涵、魅力、气质和个性设计，所以它是根据客户的职业、年龄、兴趣、爱好、人生观、价值观甚至宗教信仰，同时根据项目的空间类型、所属商圈、周边环境、功能要求、建筑面积、项目定位；在室内空间环境装饰装修完成基础上的深化和升华；软装陈设设计是在遵循客户需求的前提下，从专业角度对软装产品进行的规划与设计，是使整个空间更加个性化和人性化的设想与规划。软装是形式，设计是灵魂和内容，软装陈设设计是历史文脉的延续，是艺术的创新与发展，是为业主量身定制的宜居设计，完全契合业主的生活方式。

二、软装陈设设计原则与方法

（一）软装陈设设计原则

1. 硬装与软装氛围一致的原则

所谓氛围一致，指感觉、环境、格调、风格的一致；一致并非完全统一，不是形与量、质与色的统一，而是整体搭配的统一。

2. 空间与体量尺度协调的原则

体量与尺度的原则即产品单体与整体空间相协调，避免很大的空间装设完成之后感觉很小气，很小的空间设计完成之后更加局促和压抑。古希腊 2000 多年前就发现了比例的秘密，古希腊、古罗马的建筑、构件、柱式都有严格的比例规定。

如一个偏爱东南亚风格的业主，希望在仅有 35m² 的一居室里打造出书房、卧室、会客室以及储藏室。设计师遵循空间与尺度协调的原则，将阳台改造成书房，在不改变硬装结构的前提下，把地面抬高，将抬高部分作储物收纳空间。同时，选用极具东南亚风格的藤编蒲团。床头的背景墙和客厅沙发背景墙做到主题共享，中间的格栅和纱幔解决客厅采光、通风的问题，同时保证卧室的私密性。电视背景墙的设计在解决通风、采光的同时注重协调尺度与空间的关系。

画品的高度接近桌面长度的 2/3，画自身的宽度是高度的 2/3，整个画面尺寸接近黄金分割比；如果画品的高度超过桌面的长度或者画品的宽度大于桌面长度的 1/2，那么整个画面会给人头重脚轻的感觉如果画品的高度小于桌面宽度的 1/2 或者接近 1/2，那么画面会显得非常拘谨。因此，空间与体量的尺度协调在陈设过程中尤为重要。

3. 硬装风格与软装陈设设计风格统一的原则

统一并非完全一致，而是相对一致，是产品与其他元素在色彩造型、材质、比例、空间、风格上的统一。

4. 室内设计和软装陈设设计变化的原则

空间失去统一会显得杂乱无章，但过分统一则会呆板，所以变化的原则是在统一的基础上，做到变化中有统一、统一中有变化可通过造型、材质、色彩、数量来实现。

5. 主从和谐的原则

"主"可理解为主题，是主要的表现对象，也是设计主要表达和体现的宗旨，没有主题的设计，空间就没有文化、内涵和灵魂。主题的实现通过对比衬托来完成，没有对比和衬托，主题很难突出。

位于迪拜的"棕榈岛亚特兰蒂斯"（Atlantis，The Palm）七星级酒店，被誉为全球最豪华的酒店，耗资 15 亿美元，历时两年建成。迪拜是阿拉伯国家，阿拉伯国家多信仰伊斯兰教，酒店大堂主题陈设中，大量采用柱式和拱券的表现形式。受拜占庭风格的影响，伊斯兰风格的拱券与中世纪的拜占庭风格和哥特式风格的尖券、尖拱、多圆心券和叠级券相近。大堂柱子与柱子之间的衔接采用伊斯兰风格的建筑结构类型和造型特征。柱子的造型选用棕榈树树干和叶子的变形设计。棕榈树在当地是胜利与智慧的象征。柱子与柱子之间的造型联系展现了空间的节奏和韵律。中央屋顶的铅晶玻璃主题造型设计融入阿拉伯特有的装饰元素，诠释了亚特兰蒂斯的精髓——奇迹、海洋、探索。高约 10 米，由橙色、红色、蓝色、绿色组成的 3000 多片吹制玻璃雕塑，更像一束燃烧的火焰，成为整个空间的视觉焦点。

6. 对比与协调的原则

对比与协调可细分为：风格上的现代与传统；色彩上的冷暖对比、色相对比、纯度对比、明度对比；材质上的柔软与粗糙；光线上的明与暗；形态上的对比（造型要素：点、线、面体空间关系）。

后现代风格设计认为，现代风格过于注重功能性和机械化批量大生产，忽视传统文化的传承；设计既要有现代创新，如新材料、新工艺、新技术，又不能失去历史与文化传承。

色彩本是补色关系，但通过降低纯度可达到调和效果。此外，还可通过冷暖、色相、纯度、明度对比等，使空间色彩更加丰富多元化。

运用灯光明暗关系，在不影响功能设计的前提下，可通过改变照明方式来改变空间的呈现效果。

（二）软装陈设设计方法

1.利用形式美的法则进行搭配

具体包括对称与均衡、节奏与韵律、重复与渐变、变化与呼应。

对称与均衡，从形和量两个方面给人视觉平衡的感受。对称是形和量相同的组合，统一性强，具有严肃、端庄、安静、平稳的感觉，但是缺少变化。均衡是对称的变化形式，是一种打破对称的平衡。

节奏与韵律，即空间有节奏和韵律，色彩也有节奏和韵律。节奏就是变化的统一，只不过是有一定规律性的变化。无论色彩还是空间，没有节奏就是呆板。有了韵律，给人的感觉才是欢快的。如书柜中书的陈设是有节奏和韵律的，竖向和横向进行交叉和变化，适恰到好处的予以留白。传统的使用习惯只是把书码放整齐而已。码放整齐、堆满书架就是功能性，有了节奏和韵律就是形式美的陈设艺术。

重复与渐变，重复是指大小、形状、颜色相同的物象的反复排列，运用在设计中能给人以深刻的印象，造成有规律的节奏感，使画面统一。渐变是指一种有序的变化，可分为形象渐变和排列秩序的渐变。可以由一个基本形渐变到另一个基本形，基本形可以由完整渐变到相对残缺，也可以由简单到复杂，由具象渐变到抽象。

变化与呼应，两者似相抵触而矛盾，但呼应不等于重复，变化不等于没有呼应，应该以全局来考虑，需要变化的，还是要尽量变化，需要呼应的宜呼应，应该把矛盾统一起来。

2.根据设计立意进行创意陈设

（1）情趣、趣味性陈设

构图、立意、神态都让人感觉可爱、亲切，并非一定要有多么深刻的内涵，但应天真无邪、妙趣横生，表现自然形态的纯真和可爱。

（2）借景陈设

借景是古典园林建筑中常用的构景手段之一。在视力所及的范围内，将好的景色组织到园林视线中的手法。

（3）引用典故或故事情节进行陈设

例如，"风波庄"主题餐厅，主题是江湖饭、武林菜，整个环境让人置身于武林之中，古朴的门面并不显眼，然而每到夜晚，这里却酒盏相撞，热闹非凡。关于武林的背景音乐、小二穿堂的声音、各种门派的巧妙构思，每桌的客人拿着筷子互相比划，好像在论剑，因而大厅就叫"论剑堂"。菜式是实实在在的农家风味，既然是人在江湖，当然要遵循江湖规矩。风波庄没有菜单，只要像武林中人那样吆喝一声"小二，拿几样好菜"，庄主即根据"大侠们"的人数和口味安排菜式。如果吃得不满意，还可调换菜式，一切就像古时候一样随心所欲。玉龙戏珠、九阳神功、一桶江湖、玉女心经、紫霞神功、化骨绵掌……

菜名带有明显的武林特征，听来好不过瘾。

（4）利用事物或物体的残缺美进行陈设

岁月的沧桑所镌刻的历史的痕迹，精致与粗犷、自然与文明、和谐与撞击、外实内虚、阴阳结合，设计的最佳境界就是无设计。

（5）节假日陈设

节假日陈设，根据不同的节日选择不同的题材搭配设计。

3. 根据表达形式进行陈设

（1）写实的情景表达方式

化山川丘壑于方寸之间，以壁为纸，以石为绘，独具一格。例如，童话里的树上小木屋，完全按照故事情节，一成不变地再现童话故事，很多的时候，我们使用这种写实的表达方式，让人有"身临其境"之感。

（2）写意的情景表达方式

禅意风格，追求一种意境，写意的表现手法更崇尚自然、师法自然，在有限的空间范围内利用自然条件，模拟自然美景，将山水、植物、建筑有机地融为一体，使自然美与人工美统一起来，打造与大自然协调共生、天人合一的艺术综合体。

（3）抽象的表达方式

抽象表达方式是把设计元素简化成点线面的造型元素，表现形式美感。没有任何寓意的点线面造型，却给人现代、时尚、前卫之感，符合现代审美需求。抽象的表达方式是利用点的凝聚力、线的穿透力和视觉导向，以及面的承载与衬托，区别传统写实的表现手法。现代快节奏的都市生活中，运用这种抽象化点线面的表现形式，让人身心备感放松。

（4）意象与印象的表达方式

意象分为直接意象和间接意象。直接的"来自过去经历的生活"，间接的分为明喻和暗喻。

如希施金是俄罗斯巡回画派的著名风景派画家，很多人可能不能理解画面全是树木，究竟在表达什么？是看大树画得像不像，还是看大树能否成为栋梁之材？同样是一棵树，每个人的看法各不相同。在艺术家的眼里，松树代表画家本人，松树是没有感情的植物，却表达了"物我一体"的画家情感。艺术家通过风景表现人格，表达情操和理想。希施金是一个性格开朗、轻松活泼、坚毅不屈的人，所以他画的松树表现了一个坚定的人、一个有力量的人、一个不可征服的群体。

印象指的是诞生于19世纪的"印象派"强调色彩和光线给人的瞬间感受。通过追溯印象派对绘画艺术的历史性革新，分析光与色对传达物体表象的作用，探讨印象派对现代设计的深远影响。

（5）隐喻的表达方式

例如，缝线铆钉工艺这种新的表现形式源于英国沙发之母切斯特菲尔德；新型材料不锈钢材质的交椅，造型源于中国元代交椅。表面形式的背后蕴含着曾经的历史文化内涵和故事。

4.利用设计风格进行陈设设计

设计风格可以归纳为：中式风格（包括传统中式、新中式）、欧式风格（包括古希腊风格、古罗马风格、拜占庭风格、哥特式风格、巴洛克风格、洛可可风格、新古典主义时期风格）、折中主义、美式风格（包括殖民地风格、美式联邦风格、美式乡村风格）、田园风格（包括英式田园、法式田园）、地中海风格（包括托斯卡纳、普罗旺斯、西班牙、北非地中海）、东南亚风格、日式风格、现代风格、后现代风格、北欧风格、混搭风格。

5.利用色彩搭配法进行搭配设计

如调子搭配、对比色搭配、风格所属颜色搭配。

6.形态搭配法，运用相同的造型元素进行搭配

用壁纸图案造型、灯饰枝形造型和家具椅子靠背的曲线造型做到统一；地面材质颜色、椅子布艺颜色、壁纸花卉颜色与灯饰花卉颜色，以及灯饰的黄色、壁纸的黄色、桌面的黄色形成呼应。

又可以利用造型元素，全部以直线、曲线为造型，进行重复组合，做到形态统一。

三、软装陈设设计表现形式

好的表现形式让客户拥有良好的体验，不好的软装配饰表现形式无法让客户体验设计完成之后的快感，所以软装配饰表现形式非常重要。表现形式有很多种，不同的设计阶段或不同的场合所运用的表现形式不一样。下面介绍几种不同的表现形式。

（一）手绘快速表达

手绘又称"手绘快速表达"，即在较短的时间内，运用徒手绘制的方法随心所欲地表达设计理念和构思，向客户提供真实的三维视觉感受。[①]手绘方法有一点透视、二点透视和多点透视，经常运用马克笔和彩铅着色，让效果图更加真实，材质更加明确。然而，手绘图与电脑效果图相比，真实感受较弱，修改较麻烦，所以手绘现在多用于创意表达和设计沟通，正规的投标过程中较少运用。

（二）3D 效果图和3D 全景效果图

3D 效果图和 3D 全景效果图，无论从真实性上还是材质与灯光上基本接近真实效果，是目前运用较多的一种表现形式。然而，配饰的品牌、规格、型号以及产品的更新换代，很难全部在 3D MAX 效果图中体现出来，所以其在硬装设计中运用较多，软装则用 PS，并搭配真实的图片或案例。

（三）Photoshop

Photoshop 是一种图片格式的表现形式，可组建场景，也可把不同的饰品组织在一个空间内，以表现饰品组合之后的效果，但由于采用平面处理手法，场景看起来不如 3D MAX 真实，但产品是真实的。

---

① 万哲钊.手绘快速表现在室内设计中的应用研究 [J].文艺生活（文艺理论），2018（6）.

不同的表现方式各有利弊。用什么形式表达并非最重要的，重要的是如何运用各种表现形式表达设计理念。表现是形式和手段，设计才是灵魂和核心。

第二节　家具与灯具陈设

一、家具陈设

家具的整体布局共有规则式、自由式、集中式、分散式四种。[①] ①规则式的布局方式比较适合礼堂、会议室等一些庄严肃穆的重要场合。②自由式的布局方式比较适合具有青春活力、朝气蓬勃的年轻人居多的场合。比如为了激发艺术家们的创作热情，很多艺术设计工作室的环境就是敞开式的，很自由、轻松的环境。③集中式的布局方式的主要目的就是节省空间，比较适合应用在房屋面积较小的空间。④分散式的布局方式就比较适合房屋面积较大、家具种类较多的情况。为了划分空间的功能，可以采用对家具进行分组、排列组合的方法。

居住者的生活是否舒适、自在、温馨完全取决于家具的实用性，居住者的生活品质是否良好则取决于家具是否精挑细选、摆放的位置是否合理、摆放的方式是否巧妙。相反，人们的生活方式在很大程度上会受限于设计的科学性，所以家具陈设需要遵循以下几个原则：

①与室内的使用功能一致。

②形式、大小与室内空间家具尺度保持良好的比例关系。

③材质、色彩与装饰、家具协调统一，形成一个整体。

④布置应与家具布置方式紧密配合，形成统一的风格。

⑤布置部位：陈设橱柜、墙面陈设、落地陈设、桌面陈设、悬挂陈设等。

（一）家具的种类与特性

家具的种类是比较丰富的，按照空间功能的不同可分四个种类，分别为客厅家具、厨卫家具、卧室家具、书房家具。按结构形式不同分类：板式结构、框式结构、充气结构、支架结构、折叠结构。按制作材料不同分类：金属材料、木制材料、软垫材料、玻璃材料、竹藤材料、塑料材料。按使用功能分类：贮存类、凭倚类、坐卧类。

（二）家具的功能与作用

家具的功能不仅实用还须美观，这是家具发展的趋势，而且家具在空间中还起到变化空间、整理空间、组织空间、丰富空间、分隔空间的作用。在当今社会，很多一线城市的住房较为紧张，多功能家具非常受欢迎，比如一间房间里，如何满足客厅、书房、卧房等空间的需求，可折叠的沙发床，可变形的桌椅都可以满足空间的多功能使用。

---

① 金瑞.家具陈设设计在空间设计中的意义[J].建筑工程技术与设计，2014（23）.

（三）家具的陈设范围与方法

1. 客厅家具

客厅室内家具配置主要有电视柜、沙发、酒吧柜、茶几及装饰品陈列柜等。以下是几种客厅的陈设方法是比较常见的。

（1）家庭型温馨客厅家具陈设

这一类型的家具陈设能够使整体显得特别舒适、温馨，比较适合家人们在一起聊天、聚会，结构是相对封闭和对称的，给人一种井然有序的感觉。

（2）娱乐型客厅家具陈设

这一类型的家具陈设能够使窗外的风光、景色变得一览无遗，这种结构是在对着阳台的位置放置一张沙发，同时放置一张沙发床与其搭配，能够给人们进出阳台带来便利，适合人们坐在一起交流。在 PARTY 时，大沙发床也可以给聚会的人们提供足够多的座位，特别适合经常举办 PARTY 的家庭。

（3）电视为主的客厅家具陈设

这一类型的家具陈设比较休闲、随意，在面对电视的位置放置沙发，随意地在地上摆放靠枕和大坐垫，家庭成员如果喜欢长时间在客厅看电视，他们可以席地而坐，这些随意放置的坐垫能够带给他们舒适、温馨的感觉。

2. 卧室家具

卧室是忙碌了一天的人们休息的场所，让人得到彻底的放松和充分的休息是其主要功能，所以最重要的家具是床，对于空间比较充足的卧室来说还有梳妆台、衣柜等。卧室的家具摆放应该坚持以下原则。

首先，要确定床的位置，确定好之后再考虑其他的家具。

①床头不能靠门，不能正对门，不能横梁压床，不可对镜，床位最好选择南北朝向，顺应地磁引力。

②卧室空间允许的话，床头和床的一侧靠墙，另外一侧可以把需要的家具以组合形式，健身器材以及单人沙发配成多样化休息空间。

其次，卧室家具从选材、色彩、室内灯光布局到室内物件的摆设都要经过精心设计。

①观察房间结构，确定活动的中心。

②考虑好贯通全家的通道，方便正常的通行。

卧室家具陈设总体考虑营造温馨、舒适，色彩忌用高纯度、色彩过于艳丽，家具大小比例适当、均衡，数量忌多，巧妙运用布艺灯光营造温馨浪漫的氛围。

3. 书房家具

书房也要别具风格、精心设计，不能过于简单、单调，虽然它只是人们用来学习和工作的地方。书桌是书房的核心，因此软装要以书桌为切入点，重点考虑的是书桌的摆放位置。位置十分重要，书桌要向门口，书桌不宜对着窗户，办公椅要有靠背。

4.卫生间家具

卫生间与我们的健康息息相关，生活质量的高低与卫生间的陈设是否科学合理关系密切。真正舒适的卫生间，需具备以下条件：布局合理的卫生间应该有干燥区和非干燥区之分；卫生间的空间必备的洗手台、坐便器、淋浴、浴缸，干湿分离的设计，浴缸的选择可根据空间需要选用，陈设满足基本生活需要即可。

（四）家具陈设的注意事项

家具的陈设原则：①要以实际的使用需求为出发点，将应选择的家具的数量和类型等确定好；②要以整体空间的风格为切入点，在家具的选择上要适度、合理；③要以整体的艺术效果为着力点，家具的外形要因时而进、因势而新；④要以营造良好的室内空间氛围为落脚点，要将不同类型的家具特点发挥得淋漓尽致；⑥要处理好整体的空间结构。

配置家具时需要注意的问题：①考虑室内空间功能的要求；②满足室内风格的需要；③适当选择色彩与材质；④迎合绿色环保的要求。

二、灯具陈设

灯具是电光源、灯体、灯罩及其他附件的总称。装饰灯具是人们生活、工作、学习、展示的必需品，也是美化室内空间环境的艺术品，被设计界称为光的绘画与雕塑。

（一）灯具的种类与特性

吊灯。样式品种繁多：欧式烛台吊灯是由古代烛台的照明方式演变而来，现在多应用于欧洲古典风格的软装设计中，比如很多设计用灯泡代替了古典的蜡烛，将其放置在悬挂的铁艺上。其次水晶灯有几种类型：低铅水晶吹塑吊灯、重铅水晶吹塑吊灯、水晶玻璃坠子吊灯、水晶玻璃压铸切割造型吊灯、天然水晶切磨造型吊灯等，当前市场上大多是由仿水晶制成的水晶灯。然而中式吊灯明亮利落，并且外形古典，在门厅区安装比较合适，比如在进门的地方，明亮的灯光会带给人热情，给人一种愉悦的感觉。在目前的市场上，现代风格的吊灯很受欢迎，具有现代感的吊灯款式众多，供挑选的余地特别大。

吸顶灯。半圆球吸顶灯、圆球吸顶灯、方罩吸顶灯、尖扁圆吸顶灯等是我们在日常生活中比较常见的吸顶灯。它们经常出现在卧室、卫生间、厨房、客厅等地方用来照明使用。吸顶灯的款式简单、大方，在安装操作上简单易行，可直接安装在天花板上，能够节省空间，给人一种简单、明了的感觉。

落地灯。经常给局部进行照明，移动方便，不讲究全面性，能够营造角落的气氛。进行阅读等需要精神集中的活动，落地灯的采光方式应是直接向下投射，若是间接照明，则灯光柔和，一般放在沙发的拐角处，在晚上看电视时使用，效果良好。

壁灯。适合于卫生间、卧室照明。常用的有镜前壁灯、双头花边杯壁灯、玉柱壁灯、双头玉兰壁灯等。选壁灯主要看结构、造型，铁艺锻打壁灯、全铜壁灯、羊皮壁灯等都属于中高档壁灯。

台灯。按功能可以划分为工作台灯、装饰台灯、护目台灯等；按材质可以划分为铜灯、木灯、铁艺灯等；按光源可以划分为灯珠台灯、灯泡等。在选择台灯时，要注重它们的制作工艺以及电子配件质量，一般装饰台灯多用于卧室、客厅，而节能护眼台灯则多用于学习台、工作台。

筒灯。一般嵌装于客厅、卫生间、卧室等的天花板内部，属于直接配光，所有的光线都向下投射。筒灯是一种隐置性灯具，不占据空间的位置，能够营造出一种柔和的氛围。如果在空间装设多盏筒灯，可以使空间的压迫感降低，能够营造出更加温馨的氛围。

射灯。一般在家具的上部或吊顶的四周安置，也可以在墙裙、墙内或踢脚线里安置。射灯的光线比较柔和，能够给整体布局或者局部空间营造良好的氛围。为了让需要强调的家具或者其他装饰物缤纷多彩、重点突出，光线直接照射在这些物品上，提高艺术效果。

（二）灯具的功能与作用

1. 划分区域

人们有时候需要在同一个室内空间内划分出不低于两个的不同的功能区域，其中最有效的一个手段就是利用灯光的处理和灯具的布置。

2. 强化重点

室内空间中常有许多需要构成视觉中心的区域和物体，大到酒店的总服务台、商场的陈列柜，小到墙上的装饰画等，都需要强化其在空间的感知度。

3. 表现风格

不同的民族、国家、地区的独特风格都可以通过装饰灯具外观的艺术造型表现出来。例如，中式木制宫灯表现中国传统风格，和式灯具表现日本民族的鲜明特点。

4. 渲染气氛灯具的照度、光色可以渲染环境的气氛

灯具形成的光色对比、强弱对比、光影对比等，可形成物件的立体形象或空间的多层次，增加视觉上的丰富感。

（三）灯具的陈设范围与方法

1. 按照空间功能布置适宜的照明亮度

以门厅和走廊为例：门厅是人们在进入室内以后带给人第一印象的地方，所以要安置灯具，照射出明亮的灯光，灯具位置最好是在进门处和深入室内空间的交界处。同时，应在房间的出入口、壁橱处（尤其是方向性位置和楼梯起步）安置走廊内的照明，为了避免防止危险事件发生，楼梯照明一定要明亮。

2. 光源组织应以区域照明、重点照明和装饰照明相结合

以客厅和餐厅为例：客厅需要多种灯光充分配合，首先就客厅的整体布局来说，面积较大，应选择大一些的多头吊灯，而高度较低、面积较小的客厅，则选择吸顶灯；其次，吊灯四周或家具上部需要重点照明，局部使用射灯能营造独特环境，达到重点突出，层次丰富的艺术效果。餐厅的局部照明首先要采用悬挂灯具做区域划分，同时还要设置装饰照明，使用柔和的黄色光，可以使餐桌上的菜肴看起来更美味可口，增添餐饮环境的气氛和情调。

3.灯具种类要兼顾直接照明、间接照明和漫射照明多种形式

以卫生间为例：卫生间内的湿度是室内空间中相对较大的，所以最好选用防潮型的灯具，材质以玻璃或塑料为宜。主灯用来直接照明，最好选用防水吸顶灯；射灯为辅灯，为了让浴室具有丰富的层次感，可以从不同的角度采用多个射灯用来间接照明。卫生间内有多个不同的功能区，因此需要布置不同的灯光，在设计洗手台的灯光时要采用丰富多彩的样式，但主要是为了突出功能性，为了便于剃须和梳洗，可以在镜子的周边及上方安装日光灯或者射灯。在淋浴房或浴缸处，一般将灯光设置成以下两种形式：一种可利用低处照射的光线营造温馨轻松的气氛，另一种则可以用天花板上射灯的光线照射，方便洗浴。

（四）灯具陈设的注意事项

在布置灯光时，最大的忌讳就是"复杂和混乱"，不能将吊灯、筒灯、射灯、花灯等灯具全部使用，且这些五颜六色的光源会给人带来眼花缭乱的感觉。为了营造良好的室内光环境，我们需要做一个良好的策划：灯具正确定位，照明以人为本。

1.满足室内照度的要求

照明是灯具的基本功能，保证空间的适当照度是选择与布置灯具的前提条件。

2.灯具是室内陈设的重要组成部分

一定要符合室内空间的总体风格，它的装饰作用与室内装饰以及其他陈设都息息相关，是一个和谐统一的整体，只有这样它才能真正展现出装饰的美感。

3.考虑空间功能的要求

空间具有不同的功能，在灯具的选择上也有着不同的要求，因此为了充分地发挥空间功能，在选择灯具和照明时要因地制宜，否则功能就会受到影响，甚至出现适得其反的结果。

4.适应空间形态的尺度

在灯具的选择和布置时，我们必须考虑室内空间的形状、大小和高度等因素，因为它们之间相互协调协才能营造出良好的室内光环境。

5.符合绿色环保的要求

优先选择高效节能且无污染的绿色环保灯具及可调控的灯具，这样可以大大降低耗电量，充分节约能源。

第三节　布艺设计

由于布艺在室内的覆盖面积大，所以能对室内的意境、格调、气氛等起很大作用。在公共空间，软性材料可能只是作为点缀性、缓冲性出现。几乎全部以软性材料为主题的私密空间，塑造出居室应有的温暖，布艺材料丰富，便于后期更换。

一、布艺的种类与特性

（一）布艺的种类

室内布艺主要包括地毯、窗帘、家具的蒙面布艺、陈设覆盖布艺（沙发套、沙发巾、台布、床单等）、靠垫、壁毯，此外还包括顶棚布艺、壁布艺、布艺屏风、布艺灯罩等。

（二）布艺的特性

①覆盖面积比较大，起到的作用非同小可，构成室内的主体色调。

②柔软的特性，触觉舒适，视觉感到温暖，常被室内设计所采用。

③重量比较轻，即使做成装饰悬挂物，也不会造成危害，具有安全的特性。

④材料来源丰富，工艺比较复杂，在质地、色彩、图案等方面的变化效果特别丰富，其他任何材料都是无法替代的。

⑤价格低廉，易于更换，吸声性强。

⑥陈设覆盖物它们可以防止尘土，减少磨损。例如桌布、沙发套等。

二、布艺的功能与作用

布艺在室内起到分隔性、衬托性、装饰性、调节性的作用，弥补房间硬装设计的缺憾，可以调节整个空间中的氛围情调，对房间的感官调节作用巨大，同时也体现了生活的高品质。[①]

三、布艺的陈设范围与方法

（一）窗帘

窗帘具有遮光、减弱过强的光线和阻避门户视线的功用，它增加了室内空间的私密性与安全感。窗帘有落地窗帘、半窗帘和全窗帘等多种形式。设计布艺帘的基本步骤如下：

首先，要确认窗户的类型，然后确定风格款式及布帘的组成。

其次，在确定窗帘的款式时，要以不同窗户的功能和形状为依据，同时在设计各种款式的窗帘样式时，也要以不同的功能需要为依据，比如短帷幔窗帘、外挂布卷帘等。

在任何一个室内空间窗帘都有着不同的使用环境，所以这些窗帘都有着不同的功能与特点，需要我们进行充分研究：休闲室、茶室比较适合选用木制或竹制窗帘，营造出一种返璞归真的感觉；厨卫空间比较适合选用耐擦洗的金属百叶窗，因为环境潮湿、多油烟；书房比较适合选择透光性相对好的布料材质，这样才能达到有助于思考问题和放松身心的目的；阳台最适合选用耐晒、不易褪色材质的窗帘，因为经常暴晒在阳光下。

最后，根据空间风格定位，确定窗帘设计风格。

（二）地毯

如今，地毯已经逐渐引领了一波新的时尚潮流，地毯的软装效果也在室内装饰中越发

---

① 彭菲.浅析软装饰在室内设计中的作用[J].中国科技纵横，2012（3）.

地被重视起来。地毯可以起到画龙点睛的作用，前提是能够与室内风格搭配的天衣无缝。当然，地毯的装饰价值是非常重要的，独特的收藏价值和美学欣赏价值也是它特有的，一块弥足珍贵的波斯手工地毯就完全可以流传于世。

作为地面材料的地毯，有如下特征：步行性好、保温性好、吸声性好，有适度的弹性、装饰性、耐久性好、节能等。选择地毯时，考虑其颜色与整个室内装修的色调搭配，构成一个整体。

家居环境的地毯选用：在选择室内的地毯时，软装设计师必须以室内装饰的整体效果为切入点，注意从色彩效果、墙面材质等各个方面综合考量，从地毯色彩图案、材质等个别方面重点考虑。首先，地毯铺设的空间位置是需要特别注意的，地毯的功能性、脚感是否舒适、防污、耐磨等方面因素也要充分考虑进来，在购买地毯时应充分考虑室内空间的功能性；其次，要把当地风俗习惯和主人的个人喜好相结合，以居室的室内风格为依据，延续窗帘的色彩和元素，再确定地毯的图案以及色彩。放较大的方毯在卧室的床脚，放不小于餐桌投影面积的地毯在餐桌的下面。

四、布艺陈设的注意事项

布艺的陈设需注意：色彩必须服从统一室内整体色调；色彩与环境对比较强的装饰布艺不可滥用；根据实际用途选用不同质地和肌理效果的产品；根据不同的布艺纹样进行合理运用。布艺系列色彩设计的核心是色彩的空间构成，使之系列化，系列化会让空间的风格统一形成秩序性。

第四节　绿植与花艺设计

一、绿植设计

现代社会中的人们在室内生活的时间越来越多，所以室内环境品质已经成为不可逃避的现实。住宅环境从"单纯居住"转变为"健康休闲空间"，对植物的要求也在逐渐提高。植物是具有生命力并持续生长的陈设物，无疑是现代陈设设计的灵魂。[①] 室内绿植陈设，包括室内植物装饰设计（以桌、几、架等家具为依托，一般尺度较小）和室内景观（以室内空间为依托的室内植物、水景、山石景、内庭、细部小品）。

（一）绿植的种类与特性

我们应该选择具有耐阴、根系浅小且株型适合，易于管理又有利健康的观赏植物。根据植物的装饰性和功能性，可分为以下几类。

1. 花果美丽的观赏植物

仙客来，叶子心形厚实有白色的纹理，花瓣由后向上反卷，像兔子耳朵一样，花色有紫色、白色、红色、粉色等。花期从晚秋到初春，有花香。放在室内半阴凉爽的地方，或

---

① 李成贤，金素姬. 打造别样的室内花园 [M]. 武汉：湖北科学技术出版社，2010.

玄关、客厅都很不错。

大花惠兰，一株有3—4个花茎，一个花茎上可开7—15朵花，量多花大，颜色有白、粉红色、红色、绿色等，花期长达一两百天，多做切花材料。耐寒喜光，养在窗边光线充足处即可，是兰花品种中最容易养活的。

君子兰，四季常青，叶呈宽带状，花茎高25—50厘米，顶端花多而密集，冬春季开花。花大叶美，果期长，是宴会、客厅、门厅和居室陈设的名贵花卉之一。喜温暖湿润、半阴通风环境。

朱砂根（富贵籽），常绿灌木，高至1米。叶9月果实成熟变红，一直挂至来年花开，十分惹人喜爱。在腐殖质丰富、保水力强的土壤和稍阴处生长旺盛。

蝴蝶兰，花像蝴蝶一样，因此得名，花期1—3个月。喜高温湿润，冬天要注意防寒。喜散射光，放在薄纱帘下的窗边最合适不过了。

风信子，铃铛状的小花开满花茎，花色有蓝、紫、红、粉、黄、白等，芳香，花期春季。喜凉爽光照充足的环境。可在玻璃容器中水培鳞茎，陈设于书桌、窗台、置物架。

2.吸收有害气体和释放负离子的空气净化植物

最有代表性的室内大型观叶植物，可提高室内湿度，有效吸收挥发性有机化合物和祛除香烟烟雾。散尾葵树形高大，在较宽敞的地方与其他植物组景，观赏效果非常好，也适合放置在客厅等室内光线较充足的地方。

绿萝生具心形叶片和匍匐茎，藤蔓可长达十米，喜阴植物。能吸收室内异味、甲醛、二氧化氮。在玄关或厨房等狭小光照中的空间做垂吊植物，或做水培植物，观赏效果都非常不错。

万年青，生长速度快，耐阴植物，应避免光照过强，否则叶片会发黄下垂，影响观赏价值。适合忙碌都市白领和初学者种植，可陈设于室内光线充足或半阴的任何地方。

吊兰，纤长的叶片中间或两边常有白色或浅黄色条纹。吊兰具有祛除室内污染物的功效，生长旺盛，做吊篮或置于花架、隔板上都可欣赏到植株的整体美感，在半阴凉处种植，土培、水培均可。

白掌（白鹤芋）在合适的温度下一年四季都会抽出白色的花茎。耐阴性强，很适合室内种植。吸收二氧化碳、丙酮、酒精、三氯乙烯、苯、甲醛的能力超强。

红掌的佛焰苞有白色、粉红色、深红色，中间是穗状花序。装饰和净化空气效果都很好，适合种植在刚装修好的房间。需放在光线好但无直射光的位置。

（二）绿植的功能与作用

1.环境的美化

绿植可以柔化冰冷生硬的建筑线条，巧妙地遮掩必需而缺乏美感的空间，是目前植物室内陈设得到空前关注的原因。

2.改善微气候

植物可以通过光合作用吸收二氧化碳，释放氧气；几盆植物能使冬天的室内温度上升

2—3℃，使夏天的室内温度降低2—3℃。另外，如果冬天放置室内面积2%的植物可增加5%左右的湿度；放置10%的植物可增加20%—30%的湿度，使室内干燥的环境变得很舒适。

3. 空气的净化

有关研究显示"简单地将室内植物（主要是观叶植物）放进居住空间并适当地管理，就可以既经济又有效地去除室内污染"，同时可吸收有害电磁波。植物还能提供新鲜的氧气和负离子，去除室内异味。

4. 健康的生活

植物或园艺活动，让身体、精神、灵魂都处于很舒适的状态。绿色植物对血压、脉搏、心律和视觉疲劳都起到很好的舒缓作用。

（三）绿植陈设的注意事项

不是所有的植物都适合摆放在室内，特别是那些人们长时间停留的居室内，更应该格外注意。

中国预防医科院病毒所曾毅院士检出52种植物含有促癌物质，其中在一些公园里以及市民家中常见的观赏性花如木油桐、鸢尾红、乌桕等均含有促癌物质。如果人们放有此类植物居室中，有可能会因为长期吸入尘土颗粒、花粉等原因引发癌症。

另外还有一些植物不适宜放在居室里：

（1）能产生异味的花卉：松柏类、玉丁香、接骨木等。

（2）耗氧性花草：丁香、夜来香等。它们进行光合作用时，大量消耗氧气，影响人体健康。

（3）使人产生过敏的花草：五色梅、洋绣球、天竺葵等。

（四）绿植陈设案例赏析

近年来绿植界日渐兴盛的多肉植物，具有极强的美观性。既能让房子从外面看上去美美的，从房间里往外瞧也会有满满的生活情趣。种花养肉是赏心悦目，修身养性，陶冶情操，美化环境的事情。比如有一个这样的阳台，就可以选择一些中小型和灌木型的多肉植物。

二、花艺设计

（一）家庭绿化和花艺装饰

花艺是一门艺术，注重的是与周围环境的和谐统一。软装设计师创造出的艺术场景是以将植物、花草搭配起来为前提的。

1. 家庭花艺的主要功能

（1）柔化空间，增添生气

在居室注入姿态的千娇百媚的花卉和自然生机的树木绿植，它们不但柔化了室内空间，还将室内陈设和家具紧密地结合起来，这些可以使室内空间越发地生机勃勃、温馨自然。

（2）组织空间，引导空间

采用绿植陈设空间，可以对空间界面进行填充、规划、分隔；若采用花艺对空间进行分隔，可使各个空间既对立又统一，达到和谐的效果。

（3）抒发情感、营造氛围

居室主人的品位和性格可以通过室内的花艺陈设以及绿化反映出来。比如室内装饰以兰为主题，则能表现主人格调高雅、超凡脱俗的性格；以梅花为主题材料，则表现的是主人纯洁高尚、不畏严寒的品格；以竹为主题材料，则表现的是主人高风亮节、谦虚谨慎的品格；以松主题材料，则表现了主人坚强不屈、不怕风雪严寒的品质。

（4）美化环境，陶冶性情

植物可以通过光合作用吸收二氧化碳，释放氧气，如果在室内将植物进行合理摆设，就是给人以一种身处大自然之中的感受，起到的主要作用就是缓解生活压力、放松精神、维系心理健康、调节家庭氛围。

2. 空间花艺布置原则

在花艺陈列设计时，设计师需要在不同的空间中进行科学、合理的"陈列与搭配"，以营造幸福和谐的生活氛围为目的，这就是设计师要遵循的设计原则。在空间、创意、技巧、风格等方面进行主体设计时，家居空间花艺要遵循如下基本原则。

（1）从空间"局部—整体—局部"角度出发；对室内家居的空间结构进行合理地规划；保持室内的空气清新。

（2）针对家居的整体风格及色系，陈列与搭配花艺的色彩。

（3）在进行室内设计时，为了保持整体家居陈设的和谐统一，花艺设计的技巧必须要熟练掌握使用，并将家居花艺的细节贯穿其中。

（4）为了美化居室内的环境，使家居陈设的质量不断提高，因此要进行主体创意，使花艺与家具、地毯、陶瓷等其他装饰品具有连贯性。

3. 空间花艺布置技巧

（1）客厅

客厅是每一个家庭聚会、交流的重要空间，客厅的插花要放在显而易见的视觉区域内，选择的颜色要相对比较大方，这样会体现出居室主人热情、好客，让客人有一种回家的感觉，这也能够体现出居室主人家庭的温馨、和睦。在炎热的夏季，为了带给人一丝丝的凉意，可以选择清雅的花艺陈列在客厅。

（2）餐厅

在餐厅中插花以有助于促食欲的花色为宜，例如红色配白色、黄色配橘色等，色彩娇艳的花朵不适合选用。在餐厅中摆放插花可以增加食欲、愉悦心情。

在选择餐桌的花卉时，需要注意整体的搭配，比如桌、椅、餐具等，同时也要注意各种色彩的遥相呼应，在花型大小的选择上，原则就是不阻挡视线、不影响交流。

（3）书房

插花要以书房总体环境氛围的协调为前提，不能随意使用，最好适可而止。插花的摆放也可以自由、创新，要充分利用桌上、台上、墙面、屋角等其他地方。为了集中注意力、营造宁静的学习氛围，插花的选择不能太过抢眼。

（4）卧室

如果卧室里的花朵随意摆放，就会给人一种"闹"的感觉，所以在卧室的插花最好选择单一的颜色，居住者的情况不同，因此需求也不同。色彩娇艳的插花不适合在年轻人的卧室使用，尤其是新婚的夫妇，为了展现永恒、单纯、美好的爱情，可选择淡色的一簇花；中老年人的卧室，应以淡雅的色彩为主，以使中老年人心情愉快。

（5）厨房

原则是"无花不行，花太多更不行"。厨房内的空气是室内相对比较污浊的，而且厨房的面积一般比较小，所以需要选择芦荟、绿萝等体积小但具有顽强生命力的植物，以起到净化室内空气的作用。在花卉的摆设布置方面，应当从简，为了避免这些花艺在开花时将花粉散入到食物中，应该尽量选用花粉少的花。

（6）卫生间

浴室内适合放置一些真花真草的盆栽，因为浴室内的湿度比较高，能够滋润植物，有益于生长，能够增添生气与活力。

（二）不同风格插花的重点

1. 东方风格插花重点

①使用的花材以梅、兰、竹、菊为主，数量和种类要精益求精，一点点缀就可以起到很大的作用。造型简洁，起到衬托、勾线的作用。例如，龙柳枝、八角金盘等绿叶、枝条比较常用。

②在形式上，线条构图崇尚自然，做到堪称完美且具有千变万化，遵循某些特定的原则，但又不完全拘泥于形式。

③用色一般只用2—3色，朴素大方，清雅脱俗，简洁明了。较多用对比色，特别是利用容器的色调来反衬处理色彩。

2. 西方风格插花重点

①大量使用花朵，给人带来一种繁花盛开的感觉，以月季、扶郎花、香石竹等草本花卉为主。

②在形式上注重几何构图，在插法上讲究对称，有雍容华贵之态。常见形式有大堆头形状，如金字塔形、半球形、扇面形和椭圆形等，亦有不规则变形插法，将花插成高低不一。

③选择的插花的色彩厚重娇艳，能够营造出一种奢华、富贵的氛围。在一件作品中，往往采用多个不同的颜色进行搭配。五颜六色的花朵在一起排列组合，形成了多种不同的彩色块面，因此很多人将其称为色块的插花；或者，将五颜六色的花朵随机地插在一起，这样就会呈现出绚烂的效果。

（三）花艺设计实际操作

1. 简约风格插法

步骤一：将纯洁、白皙的花毛兰成束扎好，以具有优雅线条的兰叶进行搭配。

步骤二：准备一个半圆形简约风格的瓷盆，将插花放入其中。

步骤三：进行分层、重叠的排列组合。

2. 中西合璧风格插法

步骤一：准备一个具有欧式风格的、绚丽的花盆，在其中填上花泥。

步骤二：使用三叉木进行直立插作，产生高低错落的视觉效果。

步骤三：在三叉木间将蝴蝶兰进行高低错落的合理布局。

步骤四：在盆中错落地放置高贵的牡丹，用绿色的绣球花铺于底部，给人一种扎实且大方的感觉。

3. 日式风格插法

步骤一：U形简洁瓷瓶是日式风格插画花器的较佳选择。

步骤二：由于U形简洁瓷瓶的瓶口比较小，所以选择的花材的枝条要相对较细，以便于将钢草固定，在瓶口处进行缠绕交错。

步骤三：为了带给人一种清雅宜人的感觉，将洋牡丹花苞和大花葱兰插入到U形瓶中。

步骤四：为了营造不同的气氛，可以选择多种不同的颜色用来当作背景。

第五节　画品与饰品陈设

一、画品陈设

（一）中国画

中国画是我国的"国画"，是传统的四艺之一，历史悠久。在我国古代一般将中国画称为"丹青"，主要在宣、帛、绢纸上绘制，再进行装裱的卷轴画。中国画在题材、作画方式和手法等方面有着其鲜明的特点。在作画题材上，中国画主要有三种，分别是山水、花鸟、人物，分为写意和工笔两种形式；在作画方式上，中国画表现形式是重神似而不重形似的，中国绘画的精神就是"气韵生动"，不注重现场临摹，而是注重观察总结；在作画手法上，不用焦点透视法，而是运用散点透视法，重视意境不重视场景。

中国画的展现方式有以下几种。

1. 手卷

手卷是中国绘画的基础展现形式，长度从四五尺到几十米。以一根圆木作为轴，把字画卷在轴外，将手绢花装裱成条幅，便于收藏，这就是手卷字画的制作方法。手卷中的"长卷"指的是把画裱成长轴一卷，多是横向观赏，而且画面连续不断，绘画长卷多用来表现宏大的社会叙事题材，其作品有着"成教化，助人伦"的社会教育功效。

2.中堂

随着我国古代厅堂建筑的发展演变，形成的画幅尺寸逐渐变大，而且这种画主要在房屋厅堂中悬挂，故而称之为"中堂"。中堂是我国书画装裱样式中立轴形制的一种，不仅幅面广阔，而且显得高端大气，纵横比为2.5：1或者3：1甚至达到4：1，是我国绘画在室内的重要表现形式。清代初期，很多家庭在厅堂正中的背屏上悬挂中堂书画，悬挂堂联在两侧予以搭配，慢慢地成为一种固定模式，流传如今。

3.扇面

扇面画是将绘画作品绘制于扇面的一种中国画门类。从形制上分，在宋代时期比较流行的圆形扇子叫团扇，在明代时期达到顶峰的折叠式的扇子叫折扇。扇面画的装裱形式有以下三种：一是直接在圆扇或者折扇上绘画或者题字；二是在团型的绢本或纸本上作画、写字，然后再进行装裱，这就是压镜装框；三是将绘制好的画面剪成扇形或圆形，然后再进行装裱。

4.册页

这种装裱方式是受到书籍装帧影响而产生的，也被称为"页子"，在宋代以后开始比较盛行的，专门用于小幅书画作品。册页一般有很多种不同的形状，如正方形、长方形、横形或竖形等，它的尺寸、大小也不相同，将多页字画装订成册，就成了册页。册页与手卷在展示上特别相近，便于欣赏和保存、收藏，受到艺术家的青睐。中国古代官员上奏朝廷的奏折也是这种形式。

5.屏风

屏风的主要作用是屏障或者挡风，这种室内陈设物是中国传统环境玄学的产物，在屏风上面画的画被称为屏障画、屏风画或者画屏图障。最早的屏风的作用是展现天子的威严，是一种宫廷用具，知道魏晋时期才在贵戚士族人家中出现，此后屏风画逐渐开始盛行起来。

（二）西方绘画

西方绘画的简称是西画，包括素描、油画等多个画种；最早的西画是由原始壁画演变而来，壁画在整个中世纪一直是宗教的艺术，而油画是西画中最重要的一种门类，并且长期存在，一部分人甚至把油画当成西方绘画的代表。但是，所有种类的西方绘画，都具有如下这些特点。

西方绘画是一门独立的艺术，画家充分运用模仿学、透视学说等理论只是武装自己，从科学的角度去探寻造型的艺术美，重点分析和阐释事物的形式。西方绘画有各种各样的题材，有描述上流社会生活场景的作品，也有描绘一般景物的作品。

1.油画的装裱方式

油画的装裱方式主要有两种，分为有框和无框，需要以画的技法和内容为依据，确定这两种方式的装裱，一般古典风格的画作普遍采用有框形式，而简约风格的画作则以采用无框形式为主。

（1）外框画

相对于油画而言，外框的巧妙运用可带来意想不到的效果，所谓"三分画七分裱"，这个理论在西方的各个画种中也一样适用。一个小小的画框就把传统、人文、装饰等一系列的知识巧妙地融合到了一起。

（2）无框画

无框画主要是利用内框支撑整体，没有外框，在内框上将整个油画布面绷紧，利用画布的边缘把内框紧紧包裹，把内框隐藏于画的后面。无画框名字的由来是因为表面看不到画框，无框画在现代装饰的设计当中被广泛应用。

2. 油画的风格选配

（1）色彩搭配

油画的色彩要和室内的墙面、家具紧密呼应，这样才不会显得独立、格格不入。如果是简洁、明亮的家具和装修风格，最好选择超前、温馨、活泼、激情的画作；如果是深沉、稳重的家具式样，画就要选与之相协调的古朴素雅的画作。

（2）画品质量

市场上存在大量的仿真油画，它们是通过印刷填色的，但是长时间暴露在空气中会氧化变色，所以应选择手绘油画，从画面的笔触就能很容易地分辨出来：印刷的仿真油画的画面比较平滑，只是在局部采用油画颜料进行填色，而手绘油画的画面则会有明显的凹凸感。

（3）风格搭配

在油画风格的选择上最好与居室内具有相同的风格，偶尔也可以点缀一两幅装饰油画，它们的风格截然不同但不能使整体显得太乱。另外，最好根据油画的风格来搭配家具、靠垫等室内装饰，因为油画的风格独特，特别显眼，视觉冲击力较强。

（三）画品在空间中的应用

1. 选画

要根据居室内的装饰风格来确定画品，重点考虑画的色彩、种类、风格，画框的造型和材质等方面因素。

（1）如何确定画品风格

中式风格空间，可以选择国画、金箔画等；现代简约风格空间，可以选择抽象或现代题材的装饰画；欧式古典风格空间，可以选择西方古典油画；田园风格空间，可以选择风景或花卉等；时尚风格空间，可以选择抽象题材的装饰画。

（2）如何确定画品边框材质

装饰画有各种各样的材质，要以实际的需要为出发点进行合理搭配，可以根据不同画面的不同需求对框条的颜色进行修饰。

（3）如何确定画品色彩、色调

画品的色彩不能是完全孤立的，要和室内的环境、墙面、家具紧密呼应，不能有强烈的色彩对比，画品的主色彩应该与家具的颜色一致，点缀的辅色可以从各种装饰品中提取。

（4）如何确定画品数量

要坚持"宁多勿少、宁缺毋滥"的原则。

2. 挂画

空间是否协调和画作的情感能否完美表达完全取决于挂画的方式是否正确。

（1）首先要给挂画选择一个比较好的位置，比如开阔的地方或者引人注目的墙面等，切记不要悬挂在有阴影的地方或者房间的角落。

（2）挂画的高度要根据摆设物来确定，摆放的工艺品的高度和面积要不超过画品的1/3，并且不能遮挡画品的主要表现点。

（3）为了便于欣赏，可以控制挂画的高度，需要根据画品的种类、大小、内容等实际情况来进行调整。

①根据"黄金分割线"来挂画。挂油画的最佳位置是距离地面 1.4m 的水平位置。

②在实际的操作过程中要参考主人的身高，主人双眼平视高度再往上 0.1—0.25m 的高度与画的中心位置一致，这是最舒服的看画高度，因为这个高度不用低头或抬头。

③为了让人们欣赏起来比较舒适，挂画最合适的高度是画的中心离地面 1.5m 左右。

上述都是理论上的一些标准，在实际的操作过程中挂画的高度需要根据空间环境、画品种类大小等不断进行调整、调节、调试，使看画更惬意、更舒服。

3. 不同空间的画品陈设

（1）客厅配画

客厅是家居人们团聚、交流的重要场所，在给客厅配画的时候要高端、大气，而且在配画时需要综合考虑中国传统玄学等各种因素，因为从玄学上来讲，主人的各种运势会受到客厅的装饰摆设的影响。

第一，古典装修的风格以花卉、人物、风景等题材画作为主，比如现代简约装修就要选择现代题材的画作；简欧风格就要选择各种材质画框的画作等；中国古典主义的装饰风格应挂一些卷轴、条幅类的画作或者中国书法作品。

第二，需要根据主人的不同爱好来选择相应的题材的画作，比如文艺范的人可以挂一些具有艺术气息的画；体育爱好者可以挂一些运动题材的画；喜欢旅游的人可以挂一些风景画。

第三，在中国的传统文化中有一些禁忌，客厅的配画也要遵循，配画的用途主要是用来装点空间，营造出一种温暖、祥和的氛围。

第四，在客厅里挂画最好挂在大墙的面墙上。客厅挂画一般有单幅（0.9m×1.8m），两组合（0.6m×0.9m×2）和三组合（0.6m×0.6m×3）等多种形式，形式的选择具体取决于客厅的大小比例。

（2）书房配画

书房是人们学习、工作的重要场所，为了使其文化气息更加浓厚，应选择清淡、高雅、静谧的风格的画作放置在书房内，以形成愉悦的阅读空间，营造一种"宁静致远"的意境。

书房内多用山水、书法等内容的画作来装饰，也可以依据主人的喜好选择对应的题材，这些都会起到锦上添花的作用。此外，为了展示主人具有独特的品位、超前的意识，可以选用抽象题材的装饰画。

（3）餐厅配画

餐厅是人们吃饭的场所，一般选择一些果蔬、自然风光等题材的挂画，色彩和图案应尽量清爽、柔和，刺激人们的食欲，尽量体现出一种意犹未尽、热情好客、食欲大增的气氛。在吧台区，可以悬挂高脚杯、咖啡具、洋酒等现代气息浓重的油画。

餐厅挂画的顶边高度建议在空间顶角线下 0.6—0.8m，比较适宜的位置就是在餐桌中线处，但是由于西式餐桌的体量比较大，最好把油画挂在餐厅四周的墙面上。画品的尺寸不应该太大，最佳尺寸为 0.6m×0.6m，这样双数的组合比较符合视觉的审美规律。

（4）玄关配画

客人进屋后第一眼所看见的往往都是玄关、偏厅这些小地方，它们给人带来的第一印象非常重要，也算是"人的脸面"，这些地方的配画需要注意以下几个方面。

首先，为了彰显居室主人气质的高贵、优雅，所选择装饰画的主题最好是插花、静物或者抽象画等。此外，为了表达室主人的某种特别的愿望可以采用门神等题材的画作。

其次，从心理学方面来说，所选择装饰画的要有利于家庭和睦、财源广进。

然后，这类空间的距离比较狭小，画作的尺寸最好要精巧细致，不应该选择比较大的。

最后，挂画高度最好是以主人双眼平视高度在画的中心或底边向上 1/3 处。

（5）卧室配画

卧室是人们在生活中最私密的地方，为了营造出温馨、轻松、舒适的空间氛围，装饰画主要采用偏暖色调，比如唯美的古典人体、一朵绽放的红玫瑰等。当然，为了增进家人之间的感情，也可以把结婚照、艺术照等挂在卧室里。

挂画的尺寸一般以 0.6m×0.6m、0.5m×0.5m 两组合或三组合，单幅 0.5m×1.5m 或 0.4m×1.2m 为宜。挂画距离以底边离顶部 0.3—0.4m 处或底边离床头靠背上方 0.15—0.3m 最佳，在床尾也可以挂单幅画。

（6）儿童房配画

儿童房是无拘无束的孩子们玩耍、休息的场所，所以儿童房的色彩要鲜明、绚丽，主要题材为漫画、动植物等，并搭配卡通图案；尺寸比例适当调整，根据墙面调整挂画的数量；挂得无须太过规则，可以尽量活泼、自由一些的方式，营造出一种活泼、轻松的氛围。

（7）卫生间配画

卫生间的面积虽然很小，但是也非常重要，现在人们对这个空间越来越重视。挂画可以选择花草、海景等清新、休闲的题材，尺寸、数量适可而止，起到点缀的作用。

（8）走廊或楼梯配画

走廊和楼梯的空间相对比较狭长，但也非常重要，一般选择 3—4 幅一组的同类题材油画或组合油画进行搭配。悬挂方式可以高低错落，也可以顺着走廊和楼梯的走势。在别墅或者复式楼楼梯的拐角处，最好选择花卉、人物题材的大幅挂画。

二、饰品陈设

装饰艺术品的表现力和艺术感染力是与众不同的，已经成为居室空间内必不可少的一部分，主要作用是增添审美情趣、烘托环境氛围、实现室内环境的和谐统一、强化室内空间特点等，工艺饰品的典型功能写照正是"小工艺大效果"。

（一）工艺品分类

1. 陶瓷工艺品

陶瓷的历史悠久，传统的陶瓷工艺品现如今也被注入了很多时尚元素。人们常说的陶瓷工艺品就是陶、瓷两个区别特别大的门类的统称。英文"china"是指瓷器，而不是陶器或陶瓷的名称。

（1）中国陶瓷

在中国陶瓷史上，最具代表性的五大名窑是"汝官哥钧定"，其艺术成就享誉海外、闻名于世。

①钧窑。享有"黄金有价钧无价""纵有家财万贯不如钧瓷一片"，享有盛誉的钧瓷窑址在今河南省禹州市城内的八卦洞，它被誉为中国"五大名窑"之首，原因就是它具有独特的窑变艺术。

②汝瓷。汝瓷造型古朴大方，其釉如"千峰碧波翠色来""雨过走晴云破处"，窑址位于河南宝丰县清凉寺。汝窑的特点是"蟹爪、梨皮、芝麻花"，其被世人誉为"似玉、非玉而胜玉"。

③哥窑。哥窑最具特点的就是细碎的鱼子纹。已被发现的窑址是南宋杭州"乌龟山""修内司官窑"，至今尚未被发现，釉为乳浊釉，釉色主要是灰青色。

④官窑。官窑专指官府经营的瓷窑，景德镇在明、清时期为宫廷生产的瓷器也被称为官窑瓷。官窑瓷多有冰裂纹，薄釉开小片纹，厚釉开大片纹，官窑现存世量极少，因为只为宫廷供奉使用。

⑤定瓷。定瓷窑址在河北曲阳涧磁村，其胎质坚硬、胎薄而轻、胎色洁白但不太透明。口沿多不施釉，纹样装饰丰富多彩，并以此而闻名于世，其中"白釉印花定瓷"具有工整、素雅等特点，因此被视为陶瓷艺术中的珍品。

中国现代主要陶瓷产区：广东潮州、浙江龙泉、瓷溪、江西景德镇、福建德化、广东佛山、江苏宜兴、湖南醴陵。

（2）外国陶瓷

欧洲瓷器深受中国陶瓷的影响，现在已经成为古董市场的主流，其中还有很多是和CHANEL、LOUIS VUITTON 等奢侈品牌齐名的。它们中有限量版进入博物馆珍藏的，也有专供皇室使用而制造的。这些瓷器的价值和升值潜力在收藏迷眼中也绝不低于名车、豪宅、古董、名画。

2. 树脂工艺品

树脂主要可以分为两大类，即合成树脂和天然树脂。合成树脂有聚氯乙烯树脂、酚醛树脂；天然树脂有安息香、松香等等。现如今，全球的自然资源日益匮乏，我们应采用环保的人工树脂等新材料。

树脂具有可塑性好的特点，因此可以塑造成卡通、人物、动物等诸多形象及各种主题造型的工艺品，可以说，树脂能够制作任何造型。

现代装修理念的"轻装修、重装饰"，对工艺品需求量较大，而树脂产品的价格非常低廉，完全可以满足这种需求。

3.玻璃、水晶、琉璃工艺品

（1）玻璃工艺品

材质特点是实用、灵巧环保，气质特色色彩鲜艳，适用于室内的各种陈列。

（2）天然水晶工艺品

天然水晶这种宝石深受人们的喜爱，与玻璃是完全不同，但外观却十分相似。玄学理念多应用于在现代的工艺制品中，设计师要在这方面仔细分辨，做到合理利用。

（3）人造水晶工艺品

人造水晶是一种透明度和亮度与天然水晶非常类似的晶体，其实是在普通玻璃中加入24%的氧化铅得到的，现在全部采用无铅技术来制造高端的人造水晶，众多世界品牌被造就，如圣路易（SaintLouis）、巴卡拉（BACCARAT）、施华洛世奇（SWAROVSKI）、摩瑟（MOSER）、珂丝塔（KOSTABOOA）等。

（4）水晶玻璃工艺品

在水晶与玻璃之间存在一种物质，就是水晶玻璃，它采用纯手工的技术手法，把天然的玻璃原料打造成像水晶一样的水晶玻璃，这是一种水晶工艺品，而不是水晶产品。在这个领域里最好的典型就是产自捷克的24K镀金水晶玻璃工艺品。

4.金属工艺品

金属工艺品是用金、银等材料或以金属为主要材料加工而成的工艺品。金属工艺品的主要特征是质感完美、线条流畅，且风格和造型可以自由定制，任何装修风格的家庭都可使用。

5.木制工艺品

艺术性强、无污染、材质稳定性好且极具保值性是木制工艺品的特点，因此从古至今，深受人们的推崇和喜爱。传统的木制工艺品以浮雕为主，匠人们采取鸟瞰式透视、散点透视等构图方式，创作出故事情节性强、主题突出、布局丰满、层次分明、多而不乱、散而不松的各种题材作品。木制工艺品已经不只是手工雕刻的一种技艺了，可按照产品用途、制作工艺分为如下几类：

从制作工艺上来分，可分为纯手工制作、机器制作、半机器半手工制作几类。

从产品用途上来分，可分为相框、镜框、礼品盒、家居摆挂饰等。

（二）客厅饰品

1. 客厅饰品

在日常生活中，人们使用最为频繁的就是客厅，客厅是整间屋子的中心，它集娱乐、进餐、会客等多功能于一体。客厅的陈列饰品必须要彰显个性，表现"个性差异化"的最佳方式就是通过配饰字画、摆件等合适的软装工艺品，来展现主人的品位以及身份地位。

我们要根据客厅的不同风格，选择出相应的饰品。

（1）新古典主义风格客厅的饰品选择

要以硬装以及家具的主基调为依据进行饰品选择，无论饰品的局部或整体、繁杂或简单，都要给人留下独特的印象。

（2）美式风格客厅的饰品选择

有浓重历史感的东西备受美国人的喜爱，他们使用各种仿古墙地砖、石材用于装修，亦喜爱仿古做旧的艺术品用于软装摆件，最能凸显这一特点的是在客厅装饰物的选择上。需要注意的是，美式的客厅空间宽敞且富有浓重的历史气息，装饰画的乡村气息独特，给人一种温暖舒适、自由奔放的感觉。能够完美诠释美式风格的是关于植物、动物等自然元素的布艺小饰品。

（3）新中式风格客厅的饰品选择

选择的饰品首先要耐看、不厌烦，符合主色调，要结合传统、现代元素，打造富有传统韵味的"现代禅味"。此外，纹饰精美的桌旗经常会被用来覆盖在木桌的桌面上，以达到摒除木桌单调乏味的目的，桌旗的材质是上等的真丝或棉布，以展现东方文化的神秘、古老色彩。

（4）现代风格客厅的饰品选择

现代风格客厅要以简约而不简单为原则选择饰品。在这种风格的设计中，饰品珍贵但数量少，因此这种风格的配饰特别要注重细节化。现代风格的饰品通常选用玻璃、金属等材质，客厅家具以具有个性的颜色或者冷色为主，花艺花器尽量以简洁线条或单一色系为主。

选择客厅配饰的小窍门如下。

①设计客厅时要用心，要独具匠心，因为不同风格的客厅，都能展现出居室主人不同的品位、修养以及人生观。

②为了让整个客厅灵动起来，墙上配上一幅与家具和摆设色彩、风格呼应的装饰画。

③纸巾盒、茶具、果盘等这些既实用又有装饰性的摆件可以摆放在茶几上，为了点亮整个空间、增加客厅的温馨感，再摆上一盆与壁画风格、色彩呼应的装饰花卉。

④根据沙发的风格选择台灯并放置在边几上，选择几个小相框与其搭配。

④为了增加层次感，电视柜上的摆件要高低错落有致，与沙发配套的布艺颜色一致。

⑥饰品虽然只是一种点缀物，但选择很重要，因为精则宜人，杂则繁乱，所以选择饰品时要以放置饰品的面积大小和客厅大小为依据。

（三）餐厅饰品

在餐厅内活动，能够有效地增进人们之间的感情，摆放一套璀璨的酒具，搭配些精致的布艺软装，再选择一套与空间设计风格相匹配的优质餐具，都能反映出主人高品质的生活状态以及高雅的爱好等。

在进餐时，餐具也可以起到调节人们的心情、改善食欲的作用。餐具的分类方式有很多种，根据使用功能可分为盘碟类、酒具类和刀叉匙三种。

1. 盘碟类

餐具从功能上分为咖啡杯、水杯、茶壶等等。所以选择合适的餐盘的选择尤为重要，因为它是在整个餐桌上的核心。我们常用的餐盘有 5 个尺寸，一般为直径 18cm、21cm 的甜品盘，直径 26cm 的底盘，直径 15cm 的沙拉盘及直径 23cm 的餐盘。不同设计的餐盘形状基本就是圆形、八边形、椭圆形或者方形等。

2. 酒具类

酒具主要是指西方酒具，以玻璃器皿为主，主要包括各式酒杯及附属器皿、冰桶、水果沙拉碗、配酒器、精盅、奶罐等，餐具款式、家具风格决定着玻璃器皿的形状。

3. 刀叉匙类

刀叉制作的工艺依据是18—19世纪银匠传统的设计，结合现代设计简单、朴实的形状，形成了优美、典雅的整体造型。

4. 餐厅其他配饰

水晶烛台、花艺、餐巾环、桌旗等餐厅工艺品能使空间生动丰富。

（1）花艺

餐厅的花艺包括台面花艺和大型的落地绿植，在选择中式传统花艺时，我们要以餐厅的风格为依据，同时应该懂得各种花品代表的花语和花的体量大小。

（2）烛台

选择烛台时要以餐具的材质、花纹为根据。

（3）桌旗

餐桌的桌旗能够快速营造出氛围，应该选择与餐椅相近或互补的颜色。

（4）糖罐

作为餐桌上的小装饰物，选择与餐具同款同质的会比较合理。

（5）餐巾环

餐巾环品种多样，但有风格之分，最好的选择是材质、花样、造型能与其他装饰品相呼应，比如与餐巾的颜色呼应、与银器上的纹理呼应等。

（四）卧室饰品

卧室是所有空间中最为私密的地方，在布置卧室时要在满足主人喜好的基础上，创造出不同的风格环境。

1. 新古典主义卧室的饰品选择

在选择饰品时，尽量采用简单元素，要求保留饰品的文化底蕴、历史痕迹、色彩风格和传统材质，可以摒弃过于复杂的装饰雕刻和材质肌理。

2. 美式风格卧室的饰品选择

美式风格的重要特点是浪漫、自由、多元化、休闲和随意，在选择饰品时重视自然元素与欧罗巴的贵气、奢侈相结合；另外，实木类的饰品能凸显正统的品格，也能丰富居住空间。

3. 新中式风格卧室的饰品选择

在选配饰品时，主色调只能是一种，主色彩可选择传统的中国黄、黑、深咖和蓝色。在进行装饰时需要注意形式不要繁琐，点缀一些经典的元素就可以让卧室营造出良好的氛围。饰品要简单、恰到好处，这样才能凸显出中式风格的大方、典雅。

一个经过改良的镀银绣墩能提高卧室内的亮度，靠垫和抱枕最好选用卡其色，做到与其他布艺的花形一致。木底座的圆形珊瑚摆件能体现中式的自然感和圆满感。

4. 现代简约风格卧室的饰品选择

选配饰品时，要以简约而不简单、宁缺毋滥为配饰原则。无论采用黑、白、灰哪种主色彩，都不得掺杂多余的颜色。现代简约风格非常注重收纳性，尽量不要外露装饰品，最好简化和收纳。

（五）书房饰品

书房饰品选择小窍门如下。

（1）配有电脑、书、台灯、时钟等办公用品。

（2）配有艺术收藏品、绿植、画等饰品。

（3）色彩最好不要太鲜艳，以免影响集工作和学习。

（4）系统地选择所有饰品，使整个空间形成一个整体，协调统一，饰品的摆放要求在两个空间上相互连接。

1. 新古典风格书房的饰品选择

陶瓷的天使宝宝，一定能勾起人们浓浓的爱意的；不锈钢包边的贝壳镜框是新古典欧式中常用的装饰品；书籍的样式要根据书房内的风格来选择。

2. 美式风格书房的饰品选择

选择的饰品充分表现乡村风情，体现"回归自然"的特点。美式风格陈设品的数量越多越好，以此来充实空闲的位置，营造出小资、典雅、轻松的气氛。美式风格陈设品要以大自然为主题，多采用自然色。陈列饰品时要充分体现出不同的层次，给人一种历史的沉淀和厚重感，比如，半高台灯和小烛台搭配，小盆景与大叶植物互相搭配。

3. 新中式风格书房的饰品选择

选择饰品时，首选是花、鸟、鱼、虫等带有中式元素的摆件和瓷器、文房四宝等传统的摆件，这些饰品的风格独特，文化韵味丰富，最能体现中国传统家居文化的独特魅力。在陈列饰品时，要做到遥相呼应，和谐统一。需要注意的是，选择饰品时颜色、材质时最好都不要太多。总之，空间整体感觉的恰到好处是书房饰品选配的最高境界。

鸟笼装饰是中式风格书房的特色装饰品。摆放几本古书在索台上、书架上，是中式风格的点睛之笔。一些极具中式符号的装饰物，可以填充书柜和空余空间。古典的茶器是中式风格书房的必备物件，树脂镀银制作的荷花摆件是新中式最好的表现物。

4.现代风格书房的饰品选择

现代风格书房饰品的基本特点是实用、简洁，在选择饰品时，要求少而精。科学地搭配色系相同、材质不同的装饰品，运用灯光的绚丽效果营造出一种具有时代感的氛围。

在现代风格的书房，金属材质的书靠，造型简洁，具有时代气息。现代风格的书桌上，简洁的相框是必不可少的装饰品。书桌上的雕塑在整个空间起到了画龙点睛的作用，炫酷的造型、流畅的线条结合在一起点亮了整个空间。

（六）厨、卫饰品

1.厨房饰品选择小窍门

①不仅要考虑美观，还要讲究实用性，要依据餐厅的风格选择相同风格的饰品，在风格上保持一致。

②刀具、锅、壶、调味罐等工具及装饰品都需要精心挑选，配置齐全，完美搭配。

③新时代厨房的主题是享受和惬意，明丽的色彩搭配能够使人沉浸其中，所以，要尽量选择落叶黄、枫叶红、丰收金等秋天色彩的色调。

④厨房饰品要讲究实用性，在外表美观的基础上，选择易于清洁的饰品。

⑤厨房还要注意防潮和防火，首选是陶瓷制品、玻璃等，尽量少选易于生锈的金属类饰品。

2.卫生间饰品选择小窍门

①尽量选择美观得体、安全、易于清洗及便利的饰品。

②卫浴空间也可以调节气氛，可以选择一些香熏蜡烛营造良好的氛围。

③卫浴空间有较重的潮气，尽量不要用金属类会生锈的材质和手绘类油画，陶瓷类防水饰品和镜面装饰画比较适合。

④由于卫浴空间有浴巾、毛巾等棉质物，采用玻璃隔板能够减少后续维护的时间，相对更加合理和实用。

（七）摆设饰品的注意事项

（1）布置饰品是室内软装设计非常重要的一个环节，它能够引起居室主人心境的变化。

（2）饰品是可移动的物件，特点是可随意搭配、轻巧灵便，不同饰品间的搭配能够达到不同的效果。

（3）金属工艺品、中国古代的陶器等优秀的工艺饰品不仅能达到美化的效果，甚至可以保值增值。

作为设计师，应该充分征求主人的意见，尽量满足客户的要求，为客户配置出符合主人身份定位和装饰风格特色的饰品。软装设计师的主要工作是为客户做好参谋；另外，软装设计师也应该具备创造力、动手能力、创新力等能力。

第七章 室内材料的选择与设计

第一节 室内材料使用的历史演变

人类的发展史也是人类使用材料的历史。人类社会的发展经历了原始的石器时代，在使用石器的过程中，慢慢学会和使用烧制陶器、浇铸青铜器。到了工业石器，钢铁得到了广泛的应用，现代科学技术的发展，创造除了性能优越的复合材料和具有高性能的纳米材料。每次新材料和新工艺的出现，都标志着人类社会文明的进步，都会给人类的发展带来质的飞跃。[①] 在生产和生活实践过程中，人们将大自然赋予的材料进行各种造物活动，并通过长期的生活实践和生活体验，逐渐对各种材料有了新的认识，并运用这些材料为他们的生产和生活服务，如利用木材、泥土、石材搭建房屋，利用石器作为他们的生产工具，满足了他们的物质和精神生活需要。

石材和木材是人类最早使用的材料。原始祖先将自然形态的石头、木头磨成尖锐的棱角，作为生产和生活的工具，这些工具尽管显得粗糙和简陋，但是在当时初步满足了他们的需要。他们可以在吃剩下的兽骨刻画象形文字、图案，甚至在墙壁和洞穴上使用有不同颜色的矿石涂抹成各种人物、动物、鬼怪和图腾。在原始社会时期人们对材料的加工仅仅是简单的加工和利用。例如：原始社会西安半坡村的方形，圆形居住空间，已考虑按使用需要将室内做出分割，使入口和火坑的位置布置合理。方形居住空间近门的火坑安排有进风的浅槽，圆形的居住空间入口两侧，也设置起引导气流作用的短墙。商朝的宫室，从出土遗址显示，建筑空间秩序井然，严谨规正，宫室里装饰着来彩木料，雕饰白石，柱下置有云雷纹的铜盘，及至秦时的阿房宫和西汉的未央宫，虽然宫室建筑已荡然无存，但从文献的记载，从出土的瓦当、器皿等实物的制作，以及从墓室石刻精美的宙桡、栏杆的装饰纹样来看，毋庸置疑，当时的室内装饰已经相当精细和奢华。

室内设计与建筑装饰紧密地联系在一起，我国各类民居，如北京的四合院、四川的山地住宅、云南的"一颗印"、傣族的干阑式住宅以及上海的里弄建筑等，显示着我国劳动人民在王六千年前利用木材构筑房屋的水平，在体现地域文化的建筑形体和室内空间组织、在建筑装饰的设计与制作等许多方面，都有极为宝贵的可供我们借鉴的成果。

制陶术的发明，标志人类实现了由对材料形状的改变向材料性质改变的转化，是人类社会的一大进步。陶器具有的造型特点，反映特定的加工方式和使用功能。从半坡彩陶反映了人类物质生活和精神生活的更丰富创造的开始，陶器的造型不仅具有实用价值，而且

---

① 王慧龙,丁一刚,郑家燊.新材料与社会经济技术发展关系的哲学思考[J].科学技术与辩证法,2001（02）：26-29.

具有一定的审美价值。陶器经历了由单一的焙烧黏土陶到釉陶的发展过程，使陶器有了真正的防水渗透功能，以及来自于变幻莫测的釉色而带来独特的美感，达到实用与和谐统一。陶瓷根植于地球上最丰富的资源，在人类的文明史上连绵生存几千年而不断发扬光大。

人类进入奴隶社会后，青铜材料得到广泛使用，不仅仅作为家里的生活用品，还作为屋内的摆件和配件来使用，它对人类社会发展所起作用最大的一种金属材料，被称为"青铜时代"的商代，西周时期是我国历史上青铜冶炼技术的辉煌时期，劳动人民发挥自己的聪明才智，充分利用青铜的熔点低、便度高，便于铸造的特性，制造出许多诸如：铜币、钢食器、铜酒器、铜床、铜兵器和制饰品，为我们留下了无数造型精美、制作精良的艺术精品，创造了人类历史上光辉的"青铜文化"。

铁的使用在人类社会发展史上具有划时代的意义。铁比铜的冶铸工艺和技术更高，由于铁的硬度和韧性较高，尤其是以铁为主的一系列金属与合金材料具有质地坚硬、性能优良的特点，所以用铁作为材料可以生产出各种坚固的器具、生产工具和建筑构件等。以铁为材料的工艺技术最早最先进的形式体现在武器的制造上，从铁工件的煅烧、反复地折叠和锤击、焊接，到表面蚀刻，展示一种复杂而精美的工艺技术，铁的使用，对整个人类社会的发展起着重大的推动作用。

人类社会在发现材料、制作材料和充分地利用材料的过程中，发展了材料的实用性和美学的艺术性，逐步地实现着材料的实用价值与审美价值的融合、功能与形式的统一，用石料垒筑的西方古建筑，如古埃及、古希腊和古罗马建筑不仅通过材料与造璧来表达体量、比例、尺度、节奏、韵律的形式美，而且在于通过人性的表述，表达美的深层的哲理性。

我国长江流域的"干阑建筑"和黄河流域的"本骨泥墙房屋"，反映了我国古代"木"、"土"文化的建筑特色。传统建筑的各种类型，加宫殿、寺庙、园林、普通宅台和亭、榭、塔楼以及各种类型的民居，以木、土为主要材料的木构架建筑体系，蕴含着多元的哲学、美学意识。传统的木制家具和生活用品充分地发挥树种的特性，将实用功能与造型美相结合。天然漆成为木构建筑与木制家具的保涂层，起到防病、防潮的作用和良好的装饰效果。

在近代，材料工业的发展推动和促进了工业产品的批量生产和不断改进，从而实现了由依赖于手工业产品向以机器为制造手段的大批量生产产品的转化。

19世纪工艺美术运动先驱威廉·莫里斯（William Maoris）反对机械生产，提出艺术化的手工制品，以色彩明快、图案简洁的壁纸作为室内墙壁装饰材料，莫里斯公司还设计和生产了织物和家具。莫里斯发展了一种设计的理论："一个设计者应该完全了解与其设计有关的特殊生产过程，否则其结果往往事半功倍。另一方面，要了解特殊材料的性能，并用它们来暗示自然的美以及美的细节，这就赋予了装饰艺术存在的理由。"赖特（Frank Lloyd Wright）曾写道："将你的材料性质显示出来，让这种性质完全进入你的设计中。"新艺术风格后期代表人物法国设计家尤金·盖拉德（Eugene Gaillard）曾对家具设计提出"重视材料的特性""在木质材料中，只有拱形结构被视为唯一的装饰要素"的法则。著名的比利时建筑师维克多·奥大（Victor Horta）在为自己设计住宅时，也像建造公共建筑那样，对室内空间的处理极为自由和大胆，毫无顾忌地使用工业材料，如钢铁和玻璃。20世纪20—30年代是现代主义运动走向成熟的时期，德国魏玛包豪斯学院倡导艺术家与工匠的结合以及不同门类艺术的结合，将艺术与技术、艺术与材料充分地融合与协调，形成独特的设计风格体系，如格罗皮乌斯与梅耶合作设计的科隆德意志制造联盟展览会模范工厂，螺旋楼梯采用玻璃罩，打破了室内空间和室外空间的界限，加强了空间与空间的交流和对话。就读于包豪斯学院并后来成为设计大师的布鲁埃尔（Marcel Breuer）成为第一个把钢管材料运用到椅子设计中的人，由他设计的被称为"瓦西里"椅的钢管座椅名载史册。以设计者、实验者和完美主义者作为信念的被称为20世纪最重要的建筑大师路德维希·密斯·凡·德·罗（Ludwing Mies Van der Rohe）运用镀铬扁平钢架与织物或皮革材料组合设计了具有独特风格的"巴塞罗那椅"。

20世纪40年代，塑料、橡胶和胶合板等新材料、新技术应运而生。橡胶，尤其是泡沫橡胶和铸模橡胶，改变了家具装饰品的概念，一块小图的橡胶材料可以创造出比其他装饰材料更加舒适的形式，新型复合材料如胶合板的应用，充分利用新的弯曲技术，查尔斯·依博斯（Chartes Eames）设计，具有雕塑感的椅子，充分发挥胶合板的弯曲特性及表面纹理的特殊效果，金属、胶合板和塑料的结合，为家具设计师提供了各种可能性，设计师们从结构的装配组合转向雕塑艺术造型形式，诺尔公司设计师沙里宁采用玻璃钢材料批量生产靠背、扶手、座位整体式的"沙里宁椅子"。

20世纪50年代是塑料工业的发展时期。塑料不仅具有许多优于其他材料的性能，而且在造型上具有独特的表现力。它可以惟妙惟肖地模仿其他材料的装饰效果，如自然纹理、质地和各种花纹图案，塑料被视为一种构成各种形状造型的通用材料。丹麦设计师阿纳·杰克森采用覆盖织物的泡沫塑料为椅座，内包玻璃纤维、支座为镀锗钢构成椅子。

20世纪60—70年代，丹麦设计师杰克伯·詹森（Jakob Jensen）采用黑色纹理的木材与柔和光滑的铝和不锈钢材料设计了组合音响，在自然世界、机器世界和"艺术"之间达到微妙柔和的色彩效果与平衡。意大利"全球工具"设计小组的领导者理杰德·达利西（Ricardo Dalisi）使用低成本的材料和极其简单的结构，创造出了视觉复杂的设计。

随着现代科学技术的不断发展，以及现代人生活质量要求和都市美能力的提高，无论是传统材料，还是现代工业材料，其蕴含的生命力和表现力影响着环境设计，环境设计也由此呈现出多元化的风格。

传统材料、地方材料，让设计师重新认识传统文化，木材给人带来温馨和自然感，石材纹理和色泽充满自然美，无涂装混凝土墙、抛光水泥面，显示出厚重的质感，如几十年，上百年的门窗和船木老料的应用，给室内外空间环境营造一种古朴幽雅和怀旧感。

玻璃、钢等高技术、高质量工业材料用于建筑结构，使金属本身的力度与精工细致的材质美感得到充分的表现，显示出现代材料的工业美。

继信息技术，基因工程之后，纳米技术又成为一颗新的科技明星，尤其纳米技术将对材料科学产生深远的影响。纳米材料的特殊结构，使它产生小尺寸效应、表面效应、量子尺寸效应等，从而具有传统材料不具备的特异的光、电、磁、热、声、力、化学和生物学性能，如在化纤面料中加入少量的金属纳米微粒就可以产生抗静电作用，并使纤维织物不洁水又防污。纳米陶瓷粉体作为涂料的添加剂，当涂料涂覆盖在塑料、木材或其他基材上后，因具有极强的覆盖力而使被涂覆材料的耐磨性、防火、防尘等性能成本得到提高。玻璃和瓷砖表面涂上纳米薄层，可以制成自洁瓷砖和自洁玻璃，任何粘在表面上的脏物，包括灰尘，油污、细菌，在光的照射下，由于纳米的光催化作用，可以变成气体挥发或者容易被擦掉的物质。纳米陶瓷材料具有高韧性，在常温下能弯曲，强度依然很高。纳米塑料既节能保温，又具有极强的耐磨耐用性，总之，纳米技术将引发一场新的材料工业革命，为我们未来的室内环境勾画出美妙迷人的远景图画。

21 世纪是智能建筑时代，室内外环境设计对材料的应用提出更新、更高的要求，材料的使用不仅制约于轻质、高强度、保温、隔热、美观等因素，而且制约于光学、声学技术以及安全健康、生态环保等要求，向多功值、智能型、功能结构一体化方向发展，将以有效地利用可循环使用的废弃材料，研究开发节能、省资源、环保型的绿色建材作为可持续发展战略目标。

第二节　室内材料使用的发展趋势

21 世纪，随着人类对生存环境认识的不断深化、科技新概念的不断引入，建筑、室内外环境设计朝着科技、绿色环境和以人为本的理念发展，同时推动建筑材料工业向提高质量、节能、废物利用和环保方向发展，人类居住环境设计按照绿色设计准则进行建造，从而最大限度地达到能源效率、资源效率和人类健康的和谐统一。

一、装饰材料多样化

科学的进步和生活水平的不断提高，推动了建筑装饰材料工业的迅猛发展。由于现代建筑向高层发展，对材料的容重有了新的要求。装饰材料的使用越来越多功能化，从装饰材料的用材方面来看，越来越多地应用如铝合金这样的轻质高强材料。从工艺方面看，采取中空，夹层、蜂窝状等形式制造轻质高强的装饰材料。此外，采用高强度纤维或聚合物与普通材料复合，也是提高装饰材料强度而降低其重量的方法。如近些年应用的铝合金型材、镁铝合金覆面纤维板、人造石材，中空玻化砖等产品即是例子。近些年发展极快的镀膜玻璃、中空玻璃、夹层玻璃、热反射玻璃，不仅调节了室内光线，也配合了室内的空气调节，节约了能源。各种发泡型、泡沫型吸声板乃至吸声涂料，不仅装饰了室内，还降低了噪声。以往常用作吊顶的软质吸声装饰纤维板，已逐渐被矿棉吸声板所替代，原因是后者具有极强的耐火性。对于现代高层建筑，防火性已是装饰材料不可少的指标之一。常用的装饰壁纸，现在也有了抗静电、防污染、报火警、防 X 射线、防虫蛀、防臭、隔热等不同功能的多种型号。装饰材料种类繁多，涉及专业面十分广泛，具有跨行业、跨部门、跨地区的特点，在产品的规范化、系列化方面有一定难度。但我国根据国内经验，已从 1975 年开始有计划地向这方面发展，目前已初步形成门类品种较为齐全、标准较为规范的工业体系。但总的来说，尚有部分装饰材料产品未形成规范化和系列化，有待于我们进一步努力。

二、绿色材料被提倡

"绿色材料"是生态环境材料在建筑材料领域的延伸，代表41世纪建筑材料的发展方向，符合世界发展趋势和人类发展的需要。[①]"绿色材料"概念首先是在1988年第一届国际材料科学研究会议上提出。1992年国际学术界明确提出：绿色材料是指在原材料采取、产品制造、使用或者再循环以及废料处理等环节中对地球环境负荷最小和有利于人类健康的材料。1999年在我国首届全国绿色建材发展与应用研讨会上提出：绿色建材是采用清洁生产技术，不用或少用天然资源和能源，大量使用工农业或城市固态废弃物生产的无毒害、无污染、无放射性，达到使用周期后可回收再利用，有利于环境保护和人体健康的建筑材料。自20世纪90年代以来，我国已开展了绿色建材的研究及其材料产品的开发和应用。初步明确了绿色建材的概念和内涵：确定了绿色建筑材料的发展方向，由过去以浪费资源和牺牲环境为代价的发展方式，向提高质量、节能、降耗、健康环保的方向发展，建筑材料工业必须走可持续发展之路。材料产业支撑着人类社会的发展，为人类带来便利和舒适、为推动绿色建材产业的健康发展的同时，逐步建立和完善"绿色"建材和建材绿色化的评价指标和体系，建立绿色建筑，室内外环境设计准则和方法，如：建筑与自然其生、应用减轻环境的建筑节能新技术、循环再生型的建筑生涯、创造健康舒适的室内外环境、使建筑酿入历史与地域的人文环境等，未来"绿色材料"标准一定是：

（1）节约资源，减少污染。

（2）创造健康、舒适的居住环境。

（3）与周围自然环境相配合，以推动我国住宅产业的持续发展。

节能、降耗、环保型绿色建材的应用21世纪材料的发展向多功能、智能型、功能结构体化方向发展，将以研究开发节能，节资源、环保型的绿色建材作为可持续发展战略目标。[②]扩大资源的利用和再生，利用高新技术，如纳米技术、光催化技术、有机无机复合技术。胶溶技术、功能膜技术等，大力研究和开发符合环境要求无污染，无害的新型建筑材料：有利于人体健康、高效净化、高效保温隔热、轻质高强、可循环利用材料等，如：高性能混凝土的研究与再生纸室内建筑开发，一是节约水泥熟料，更多地掺入以工业废渣为主的活性指料，减少污染的"绿色混凝土"；二是具有透气性和透水性，调节环境温度和湿度，减少噪声，维持地下水位和生态平衡的透水混凝土；三是具有良好透水、透气等性能，可种植小草、低灌木等以美化环境的植物相容型生态混凝土；四是在表层水泥砂浆中加入纳米TIO光催化剂，具有净化、吸声、隔声功能的光催化混凝土或混凝土砌块。

三、生态环境材料被应用

1998年在国家科学技术部、国家863新材料领域专家委员会、国家自然科学基金委员会等单位联合组织的"生态环境材料研究战略研讨会"上，提出生态环境材料的基本定义为：具有优异的使用性能和优良的环境协调性，或能够改善环境的材料。1990年由专

---

① 张纪尧，刘秀梅.论室内设计中的"绿色"材料 [J].价值工程，2010，29（29）：106.

② 刘群.环保节能型建筑材料的应用与发展分析 [J].中国房地产业（下旬），2017（6）.

家提出"生态环境材料"的概念，认为生态环境材料应具有三大特点，即：材料的先进性，能为人类开拓更广阔的活动范围和环境；材料与环境的协调性，使人类的活动范围同外部环境尽可能相协调；材料应用的舒适性，使人类生活环境更加舒适。因此，生态环境材料应该是将先进性、协调性和舒适性融为一体的新型材料。

四、材料的生产以"健康、环保、安全"为前提

建筑和室内外环境是装饰材料使用的最主要表现对象。装饰材料在建筑和建筑室内外环境中的应用，改善了人们生存环境的质量品质，推动了社会经济的发展，但同时在材料的加工处理、使用的过程中，排放出大量的污染物，这些污染物的材料可归为两大类，一是再生材料和无机材料，如新鲜的混凝土，砖、石材和水泥材料的放射性铀系元素，在衰变过程中放出氧气，破坏人的肺组织。花岗石、大理石，陶瓷等材料，若放射性物质超量，对人体造成 X 射线辐射伤害。泡沫石棉以石棉纤维为主要材料，石棉水泥制品常用作建筑或建筑室内的保温、隔热、吸声、防震材料；当石棉纤维吸入体内，可引起"石棉肺"。石棉为致癌物，现已限制使用。用于门、窗、地板和家具的胶合板，由于加工过程中使用合成胶粘剂，油漆除科和涂料溶剂，这些材料在使用过程中快速或长期缓慢释放出有毒物质：如胶粘利白腔、酶醛树脂，合成橡胶胶乳，可释放甲醛，苯类和合成单体。涂料可释放氧乙烯、氧化氨，苯类、酚类等有害气体，涂料溶剂可释放苯、醇，酯，酸等，这些有害物质吸入人体后引起头痛、恶心、刺激眼睛和鼻子，严重时可引起气喘，神志不清，呕吐和支气管炎。二是高分子材料，在建筑室外环境中，大量的高分子材料用于制作隔热板材，如果聚乙烯、聚氯乙烯、聚氨酯、酚醛树脂泡沫塑料，塑料壁纸，塑料地板、塑料隔声材料、填嵌材料、涂料、胶粘剂等，由于高分子材料含有未被聚合的单体及塑料的老化分解，可释放出大量的如苯类、甲醛和其他挥发性有机物。在材料的生产、加工和使用过程中，造成了环境污染，影响了建筑室内外环境质量，这促使了各国材料研究者基于建筑材料对环境和人类健康的影响，为绿色建材建立了评价体系。各国政府基于可持续发展路线，相关政策制度和同时提出要求规范，使用者在使用材料阶段要以"健康、环保、安全"为前提，科学合理地选择和利用材料，节省能源消耗，提高使用效率，将污染降到最低限度，为人们营造舒适、安全的生活和生存环境，保障人们的身体健康。

涂料是建筑室内外应用最多的材料之一，同时也是影响环境质量的主要污染物。甲醛、苯、甲苯等有害成分在施工中快速散发，或在长期的使用过程中缓慢散发，使室内人群出现"不良建筑物综合征"等疾病。目前，国内已开发出具有红外辐射保健功能的内墙涂料，利用稀土离子和分子的激活催化等手段，开发出具有森林功能效应、能释放定数量负离子的内墙涂料。这些新的材料为建造良好的室内、外空气质量提供了基本的材料保证。

研究开发具有抗菌、自洁、除臭和具有辐射对人体健康有益的远红外线，释放空气负离子等功能的涂料，如利用稀土离子和分子的激活催化手段，开发出具有森林功能效应。能释放一定数量负离子的内墙涂料，利用具有可以重复吸热、储热、防热等特点的相变材料研发可调温的内墙材料，如利用石蜡相变吸收或释放热量的特点，将石蜡制成分散的极小粒掺人保温材料中，起到调节室温的作用。

根据流体力学、人体工程学、美学、陶瓷工艺学、建筑物内外用水循环系统等综合国情研发出抗寒、易洁、调湿、低辐射，强度高的陶管墙地砖和节水型、造型美观的陶瓷洁具，以及用于高速公路、立交桥、地下交通、广场等夜视标志的新型蓄光性自发光陶瓷材料。利用工业废渣代替天然资源黏土、石材制造高性能、能调湿的墙体和墙面材料，如利用粉煤灰，页岩、煤渣等制造高性能混凝土砌块，压蒸纤维水泥板，硅酸钙板等；利用磷石膏、氧石膏、排烟脱硫石膏等庞液代替天然石膏制造纤维石膏板或石膏砖块：用白重轻、强度高、防水与防火性好的无石棉纤维水泥板如玻璃纤维增强水泥（GRC）板、聚乙烯水泥板、维纶纤维水泥板等取代石棉水泥板：用棉杆、麻秆、蔗渣、芦苇、稻草、稻壳、麦精等代替木质纤维制造人造板等。这些材料生产技术利用相变材料具有可以重复吸热、储热、防热的特点，调节室内温度，或在室内湿度大时吸收水分，降低湿度，而当空气干燥时又可以逐渐放出吸附水，达到调节湿度的作用，从而创造更加舒适的生活和工作环境。

装饰材料课程的认识与学习是设计师的必备基本知识，它将贯穿于今后设计师的一切设计活动，设计师对材料的了解与应用犹如文学家对于词句及修辞手法的熟知程度，还要随时更换词汇。随着材料科学的发展，纳米等高分子装饰材料也将不断出现，设计师不但要对现有及传统材料熟知，还要时刻关注新型材料与新工艺的发展。

（一）传统单一功能材料向复合多功能材料发展

从人类历史的发展可来看，材料的单性也成为形容那个历史时代的代名词，如"石器时代""新石器时代""青铜器时代""铁器时代"。工业革命之后，钢材、钢防混凝土、玻璃等新型材料取代了天然木材、天然石材、混凝土等。现今，材料科学技术的发展使人工合成材料不断涌现，天然材料也被精益求精，变为天然复合材料的新型构造，各种传统材料也在制造技术方面有了长足的进步，具有全新的面貌与复合功能，纳米等高分子材料也不断进步，在很多领域具有替代传统材料的趋势。

（二）传统作业向装配式作业发展

传统作业工序繁杂，工时冗长，湿作业也容易造成污染，影响作业者身体健康与作业环境。装配式作业节省工时、节省人力，效果容易控制，从现今建筑装饰的发展墙面材料、地面材料应用已越来越广来看，传统作业虽然必不可少，成为今后室内界面装修材料逐步趋向集成化、环保化的主要发展方向，甚至在一些室内空间主体构造材料不是很多，装配式作业势不可当。如机场航站楼、大型体育馆建筑生产来装配，使得传统"装修"的概念已变得弱势化，"工厂化"集成模块与装配几乎全部由厂家全部生产，装配式作业逐渐成为主要形式将是必然的趋势，设计师的观念与角色也必然要随着时代的变化而进行转变。

（三）无毒、防火、环保材料将是材料发展的永远趋势

"追求健康、舒适、安全"将永远是建筑与室内环境设计的永远主题，那么材料的生产、应用必须要符合这个主题。国家与行业也必然会越来越促进这种发展。装饰材料的防

火性能与指标是今后发展的重要趋势，防止火灾发生和降低火灾损失的能力，是一个国家和地区经济发展水平与社会文明程度的重要表征。我国过去由于社会防火意识不强，防火的法规不健全，防火材料和制品少、品质和规模等都满足不了要求，不少建筑的室内外装修仍大量使用易燃材料，火灾事故源源不断。近年来许多建筑火灾中的死难者大部分是被装饰材料燃烧后产生的毒气熏死的。因此，积极开发生产各种新型防火材，特别是开发具有高效、低毒、无污染少烟、水基型的特种防火材料对减少火灾将有绝对意义。发展绿色、环保材料是今后建筑材料与建筑装饰材料的重要发展方向。

第三节　室内材料的分类与性能

一、室内材料的分类

室内装饰材料是指用于建筑物内部墙面、天棚、柱面、地面等的罩面材料。严格地说，应当称为室内建筑装饰材料。现代室内装饰材料，不仅能改善室内的艺术环境，使人们得到美的享受，同时还兼有绝热、防潮、防火、吸声、隔音等多种功能，起着保护建筑物主体结构，延长其使用寿命以及满足某些特殊要求的作用，是现代建筑装饰不可缺少的一类材料。环境设计材料的种类繁多，且分类方法各不相同，如从材料的状态、结构特征、化学成分、物理性能进行分类，或从材料的发展历史和用途进行分类，或从材料的肌理、质感、色彩和形状等触觉、视觉效果进行分类等。尽管材料的分类方法不同，材料在实际的应用中却始终体现出使用价值和审美功能，将技术与艺术相融合。

（一）按硬软装饰材料分类

从室内家庭装修来看，硬装饰和软装饰，硬装饰通常是室内固定的、不能移动的装饰，例如：地板、顶棚、墙面、门窗、建筑造型等，其余的可以移动的、便于更换的装饰物，如窗帘、沙发、壁挂、地毯、床上用品、灯具、玻璃制品以及家具等多种摆设、陈设品之类，都可以统称为软装饰。

通常室内家庭装修硬装饰有以下几类：

（1）墙面装饰材料：如墙面涂料、混凝土、石膏、木材、石材、玻璃、建筑陶瓷、金属、人工复合板、塑料、墙纸、墙布等等。

（2）地面装饰材料：瓷砖地板、实木板、人工复合板、人造石材、塑料板材、地毯、涂料等等。

（3）吊顶装饰材料：石膏、混凝土、有机高分子涂料、人工复合板、吸音板、铝合金板、顶棚龙骨材料、塑料等等。

软装饰，又叫软包，是指装修完毕之后，利用那些易更换、易变动位置的饰物与家具，如窗帘、沙发套、靠垫、工艺台布及装饰工艺品、装饰铁艺等，是对室内的二度陈设与布置，所以软装饰涉及的材料涉及更为广泛。

（二）按材料的发展历史分类

（1）原始的天然石材、木材、竹材、秸秆和粗陶。

（2）通过冶炼、焙烧加工而成的金属和陶瓷材料。

（3）以化学合成的方法制成的高分子合成材料，又称聚合物或高聚物，如聚乙烯、聚氯乙烯、涤纶、丁腈橡胶等。

（4）用有机、无机非金属乃至金属等各种原材料复合而成的复合材料，如塑铝板、油漆无机复合涂料与混凝土、镀膜玻璃等。

（5）加入纳米微粒（晶粒尺寸为纳米级的超细材料）且性能独特的纳米材料，如纳米金属、纳米塑料、纳米陶瓷、纳米玻璃、纳米涂料等。

（三）按材料的化学成分分类

按照化学成分来分类，可以分为有机材料（木材、竹材、橡胶等）和无机材料，无机材料又可以分为金属材料与非金属材料两种。

金属材料：

（1）黑色金属材料，主要是指铁及以铁为基体的合金，如纯铁、碳钢、合金钢、铸铁等。

（2）有色金属材料，也就是除铁以外的金属及其合金，如铝与铝合金、镁及镁合金、钛及钛合金、铜与铜合金。

非金属材料：

（1）天然石材：大理石、花岗石、鹅卵石、黏土等。

（2）陶瓷制品：氧化物陶瓷、碳化物陶瓷、氮化物陶瓷、金属陶瓷、复合陶瓷等。

（3）胶凝材料：水泥、石灰、石膏等。

（4）高分子材料：塑料，如聚乙烯、聚氯乙烯、聚苯乙烯、ABS塑料、聚碳酸酯塑料、环氧塑料、有机玻璃、尼龙等。

（5）复合材料：塑铝板、玻璃钢、人造胶合板、三聚氢氨贴面板（防火板）、强化木质复合地板、氟碳涂层金属板、织物状复合地毯和墙纸、夹膜玻璃等。

（6）纳米材料：纳米金属、纳米陶瓷、纳米玻璃、纳米高分子材料和纳米复合材料等。

（四）按材料的状态分类

（1）固体，如钢、铁、铝、大理石、陶瓷、玻璃、塑料、橡胶、纤维、粉末涂料等。

（2）液体，如涂料（水性涂料、油性涂料）、胶粘剂（黏结涂料）以及各种有机溶剂稀释剂、固化剂、干燥剂等。

（五）按材料的主要用途分类

（1）用于结构或龙骨的材料：钢、铁、铝合金、混凝土等。

（2）墙面材料：天然石材（大理石、花岗石）、木材及其加工产品、陶瓷面砖、玻璃、纺织纤维面料、地毯、墙纸、涂料、石膏板、塑料板、金属板等。

（3）顶面材料：石膏板、矿棉板、胶合板、塑料扣板、金属扣板、壁纸（布）、涂料等。

（4）地面材料：实木地板、强化木质复合地板、塑料地板、陶瓷地面砖、防静电地板、大理石、花岗石、地毯等。

（5）家装材料：木质人造板（胶合板、中或高密度纤维板、刨花板）、木方块材、金属骨架等基材和各树种刨切薄木贴面板、防火板、塑料贴面板、石材（大理石、花岗石）饰面板、金属板、涂料等。

（6）五金配件：合页、门把手、钉子、门吸、门锁、滑轨、滑道、滑轮、拉手、法兰等。

（六）按材料的色彩、肌理和心理感受分类

（1）材料的色彩明暗程度：色彩明度高的亮材和色彩明度低的暗材。

（2）材料的视觉、触觉肌理和心理感觉：粗糙与细腻、硬与软、刚与柔、冷与暖、干与湿、轻与重、条纹状与颗粒状和网状等。

（3）材料的光亮度：亮光、半亚光和亚光材料。

（4）材料的透明度：透明材料、半透明材料和不透明材料。

（七）按装饰部位分类

按装饰部位分类时，其种类和品种，见表7-1。

表7-1　室内装饰材料种类

种类	品种	举例
内墙装饰材料	墙面涂料	墙面漆、有机涂料、无机涂料、有机无机涂料
	墙纸	纸面纸基壁纸、纺织物壁纸、天然材料壁纸、塑料壁纸
	装饰板	木质装饰人造板、树脂浸渍纸高压装饰层积板、塑料装饰板、金属装饰板、矿物装饰板、陶瓷装饰壁画、穿孔装饰吸音板、植绒装饰吸音板
	墙布	玻璃纤维贴墙布、麻纤无纺墙布、化纤墙布
	石饰面板	天然大理石饰面板、天然花岗石饰面板、人造石材饰面板、水磨石饰面板
	墙面砖	陶瓷釉面砖、陶瓷墙面砖、陶瓷锦砖、玻璃马赛克
地面装饰材料	地面涂料	地板漆、水性地面涂料、乳液型地面涂料、溶剂型地面涂料
	木、竹地板	实木条状地板、实木拼花地板、实木复合地板、人造板地板、复合强化地板、薄木敷贴地板、立木拼花地板、集成地板、竹质条状地板、竹质拼花地板
	聚合物地坪	聚酯酸乙烯地坪、环氧地坪、聚酯地坪、聚氨酯地坪
	地面砖	水泥花阶砖、水磨石预制地砖、陶瓷地面砖、马赛克地砖、现浇水磨石地面
	塑料地板	印花压花塑料地板、碎粒花纹地板、发泡塑料地板、塑料地面卷材
	地毯	纯毛地毯、混纺地毯、合成纤维地毯、塑料地毯、植物纤维地毯
吊顶装饰材料	塑料吊顶板	钙塑装饰吊顶板、PS装饰板、玻璃钢吊顶板、有机玻璃板
	木质装饰板	木丝板、软质穿孔吸声纤维板、硬质穿孔吸声纤维板
	矿物吸声板	珍珠岩吸声板、矿棉吸声板、玻璃棉吸声板、石膏吸声板、石膏装饰板
	金属吊顶板	铝合金吊顶板、金属微穿孔吸声吊顶板、金属箔贴面吊顶板

二、室内材料的功能

（一）装饰功能

装饰材料通过自身的形态、体量、色彩、肌理和质感，给建筑室内外各个界面赋予新的性格与面貌。镜面石材表面光滑的锐利感，火烧花岗岩板表面粗糙的质朴感，不锈钢与玻璃结合的城市工业感，天然木材、竹材、藤给人以乡村的休闲感，这些材料都给人以不同的材料艺术感受。

（二）建筑装饰材料的触觉功能

人的行走、坐卧、触摸等触觉感受对于材料的光滑、粗糙、弹性、硬度都有直接与潜在的要求。

（三）建筑装饰材料的绝热、保温与吸声、隔声功能

装饰材料通过自身所具备的材料密度、表面的光滑粗糙、孔洞、凹凸对于声音会形成不同的反射，材料吸声功能将局限进行影视院、礼堂、播放室和其他需要吸声、隔声的室内空间设计主要考虑的要素。装饰材料通过自身具备的绝热，保温性能成为建筑幕墙设计或墙体保温需考虑的因素。有些材料又具备隔声与保温功能，如岩棉等。

（四）建筑装饰材料的防水、防潮功能

建筑是为了人的安全与生活便利所考虑，自然界的风、霜、雨、雪对于建筑外表面结构与材料就是一个严峻的考验，防水带给使用者便利的同时，也存在渗漏的危险，除了材料自身要具备抵御能力外，合理正确的施工方法与构造会直接影响材料的防水、防漏功能。

（五）建筑装饰材料的防火、防腐功能

"百年大计，防火第一"是设计师永远重视的课题，无数的火灾，钢骨架、木构架的坍塌都或多或少存在材料在防火防腐方面的问题。材料的防火级别（见国家关于防火材料级别的规定）、防腐能力以及防火、防腐涂料的涂刷都会影响建筑使用的安全。由于建筑装修造价的影响，装饰材料不可能都具备高级别的防火、防腐能力，设计者与施工方应尽可能地根据空间属性与法律规定来合理选择相应的装饰材料与正确的施工工艺。

第四节　室内环境材料使用研究

一、装修公司的选择

装修最重要的是选择家合适的装饰公司，有些知名的装饰公司，装修品质虽然有保证，价格却不是普通消费者能够承受的。但如果只贪图便宜随便选择家装修公司，装修质量不能得到保证，中途返工可能会造成更大的浪费。所以在与装修公司签订合同前，最好对意

向中的装修公司进行详细的考察。

（一）公司资质及实力考察

在选择装饰公司时，业主可能最关心这家公司是不是正规企业、实力怎样。其实在挑选时，业主不妨从以下几方面考察装饰公司的实力。

1. 营业执照

一个正规的从事家庭装修的公司，必须有营业执照。营业执照的营业范围内有室内外建筑装饰设计施工项目，比如有"装饰工程""家庭装修"这类的经营项目，可以进行家庭装修的施工。另外，执照上的"年检章"是证明该企业本年度通过了工商局的年检，属合法经营。此外，还有一种情况是挂靠，这种情况在装饰行业也是非常普遍的。所谓"挂靠"，就是指一些小型企业或个人，向大型装饰施工企业上缴一定费用，使用这些公司的名义来包揽工程。严格来说，挂靠其实也是一种欺骗行为。要判别是否挂靠很简单，只要审核营业执照的注册地址与其公司办公场所是否相符即可。

2. 资质

资质是建设行政主管部门对施工队伍能力的一种认定，它从注册资本金、技术人员结构、工程业绩、施工能力、社会贡献等六个方面对施工队伍进行审核。取得资质的装饰企业，其技术力量有保证。但是现实情况是有资质等级，特别是有高资质等级的单位不敢承接家庭装修这样的小单。市场上大部分承接家庭装修业务的公司都是有营业执照、营业范围内有装饰装修项目但却没有建设行政管理部门认定的资质。

据统计，从事装修业务的公司仅西安市就有数千家之多。其中包括三种情况：一种是有两证的公司（工商行政管理部门发的营业执照和建设行政管理部门发的资质等级证书）；另一种是有一证的单位（工商行政管理部门核发的营业执照）；最后一种是无照无证单位，就是常说的装修游击队。

3. 办公场所

选择装饰公司，可以登门造访，进入装饰公司的办公室，有些细微之处可以显示该公司的实力。首先，办公室的位置和面积反映着公司的实力。往往是那些租用高档写字楼，或占用单独楼宇的装饰公司，最能提供完善的服务。公司的员工多，需要的办公室间也会大一些，这从一个侧面反映了公司实力。

4. 查看样板间

选择装饰公司最好去看看这家公司的样板间，尤其是正在施工的样板间，可以看到公司的施工工艺和工序是否正规，施工现场管理是否严格等。如果条件允许，最好由施工单位提供地址，按自己时间随机探访，也叫突然造访，可以真实地反映现场情况。在施工现场可以看看现场使用的材料是否符合环保要求，现场卫生状况也反映管理水平和能力，看施工工艺水平，通常大面儿的活基本没问题，关键要看边角细节的处理。

5. 口碑

通过身边的同事和朋友往往装修房子就对相应的装修公司进行较为详细的了解，并进一步的装修，可以通过相互了解，打听出该修公司的口碑。

归根结底，装修质量的好坏，取决于施工队的素质。目前，大多数的装饰公司并没有专门隶属于公司的技术工人，基本都是由项目经理或者工头临时联系。这也是个公司装饰工程质量时好时坏的原因之一。但是相对而言，严格管理的品牌装饰公司在这方面还是有保障的。如果不放心，消费者还可以聘请监理公司，用监理的专业知识约束装饰企业的行为。

（二）合同签订注意事项

确定装饰公司，初步选定适合自己设计师和工长后，就可以签订装修合同了。签合同的作用主要是为了双方出现纠纷时维权用的。在签合同的时候，丝毫不能马虎。没有签合同就贸然开工的，是万万不可行的。

装修合同条款必须特别注意以几点：

（1）工期约定填写清楚，明确开工日期以及竣工日期。

（2）装修形式约定清楚，避免界定责任困难。

（3）合同金额明确。

（4）环保要求明确。

（5）安全事故责任如何承担明确。

（6）付款方式及时间写清楚。

（7）违约责任明确。

（8）签订保修条款，明确时间及保修内容。

签订装修合同的注意事项：

（1）下笔签字时要慎重，由于装修合同所涉及的内容特别烦冗复杂，千万别因为不耐烦而轻易下笔。一定要认真阅读并理解后再签字。因为你一旦签字，合同就生效了，日后一旦发生纠纷，就只能走法律程序了。

（2）筛查装修公司的合同文本是否齐全，一份完整的家装合同包括主合同、补充合同、图纸、预算书、施工材料明细单等。

装饰公司通常都有固定模板的装修合同，甚至有些城市还有相关政府职能部门认定的装修合同。如果这些装修合同除约定内容之外，还有双方需要明确或者约定的内容，可以再签订一份装修补充协议。有不少这样的补充协议，从材料验收、施工验收、项目变更、环保标准、保修条款、处罚标准、工地管理都有非常细致的说明。可是这么细致的条款很怀疑其有多大的可操作性。要完全落实这些条款对业主的专业水平有着很高的要求，同时也需要耗费大量的时间。现实情况下可能大多数业主都无法执行，其结果往往是花费了大量时间，还闹出了很多的纠纷。其实，比较可行的做法还是踏踏实实地选好一家合适的装饰公司，实在不放心的话还可以聘请一位负责任的第三方监理，业主只是参与监控。

二、室内设计方案的确定

（一）设计沟通

设计沟通是做好装修的一个重要环节，从设计师的资历上，也能看出装饰公司的实力。因为有实力的公司才请得起好的设计师，好的设计师应该有相关的学历背景和工程经验，例如环境艺设计或者室内设计的毕业生。其实装修的过程就是一个沟通的过程，在沟通的过程中，取得相互的信任是最为重要的，设计师应本着诚恳负责的态度，并通过自己的成功设计案例赢得客户的信任。

（二）设计沟通的主要内容

作为设计师，要尽量了解业主的想法和要求，对于一些细节，也要进行详细的了解。事先了解得越充分，后续设计和施工中的问题就越少。若对业主需求没理解清楚就出方案，设计好了再全盘否定，无论对于设计师，还是业主都是件比较麻烦的事情。对业主而言，切忌盲目追风。比如看到东家的背景墙好，要照样搬来，看到西家的玄关不错，也要弄上一个，这样就会干扰设计师的创作，最后设计出来的东西，双方都不会满意。在设计师完成初稿以后，应该给业主详细讲解，由业主提出修改意见，最后再商量定夺。宁可在图纸上多花些时间，以免日后返工费时费工费料，图纸确定后，接下来就是按图施工。

对于设计师而言，需要在设计前掌握的主要内容如下。

1. 了解业主的想法

业主对自己的空间有明确的要求是对设计非常有利。但是有些业主自己都不知道喜欢什么样的风格，或者只有很模糊的概念。这时就需要设计师通过图片或者书籍进行装饰案例的介绍，耐心地给业主引导，启发双方的思路，找到结合点，最终确定业主的装饰风格。

2. 大致的装修费用

了解客户的资金预算和档次定位，比如装修方面的预备支出，家具电器设施方面的预备支出等。了解大致的装修费用可以让设计师把方案设计控制在费用之内，不会太高出费用标准，也不会低于业主对装修的档次要求。有些业主很不愿意将自己的预算告知设计师，希望多谈几家，看看哪家的报价最低，这其实是不对的。这样很容易造成设计错位，最终受损的还是业主自己。

3. 空间现状

取得室内空间的原始结构平面图，了解空间的缺陷，了解业主对空间布局规划的初步想法。如，每个房间的功能和布局安排，房间的面积及非承重墙是否改动等。此外设计师应去空间实地感受，这点对设计很有作用。

4. 家庭成员结构、职业、生活习惯等

了解业主的家庭人口结构、日常社交往来、亲朋好友的聚会方式等，为空间功能规划提供依据。比如家庭成员中有小孩，就需要特别注意安全方面的设计，有些家庭还养宠物，这些宠物甚至被视为家庭的成员，在设计中，也难免要把他们的因素考虑进去，例如为他

们营造一个小窝等；再例如职业往往决定业主的喜好，这也是非常重要的因素，在设计中必须考虑进去生活习惯也能影响设计，如喜欢锻炼的要考虑放置运动器材，喜欢看书的要在书房设计中特别用心，有宗教信仰的需要将其信仰充分考虑等。

5. 主要家具、电器设备的选择

了解电视、音响、电话、冰箱、洗衣机等电器的摆放位置。了解准备添置的厨卫设备的品牌、规格、型号和颜色等。了解准备选购的家具的摆放位置，例如沙发、电脑等的位置。还有了解收纳空间的设计有什么具体要求。

（三）设计方案的审查

装修设计要以方案设计的形式，形成一整套的设计文件，包括效果图和施工图，对方案设计进行审查，可最后来确定装修的材料、施工方法及达到的标准。因此，装修方案的设计应重点筛查以下内容：

图纸的审查。设计图纸是室内装修中和施工人员沟通的语言，它必须用完整的表达设计方案的构思和设计目标。合格的装修设计首先必须具备完整的设计图纸。设计图纸主要包括设计说明、平面布置图、各装修部位立面图、复杂工艺部位剖面图、节点大样图、固定家具制作图、电气平面图、电气系统图、给排水平面图、天花布置图、材料表等。

材料及施工工艺说明的审查。这是方案设计能否落到实处的关键，也是审查的主要内容。应就各装饰部位的用材用料的规格、型号、品牌、材质、质量标准等进行审核。对各装饰面的装修做法、构造、紧固方式等是否符合国家有关的施工规范进行逐一排查。

工程造价的审查。这也是甲乙双方关注的重点，应该对每项子项目所用材料的数量、单价、人工费用等进行核对，以保证造价的合理性、科学性。

（四）施工交底

施工交底全称为施工技术交底，目的是使得甲乙双方在装修前即对施工做到心里有底。交底由由业主、项目经理、设计师三方共同对房屋基本情况，设计方案的施工要求进行交代，让施工人员了解房屋情况和设计意图，便于施工中的工序的连接。在装修的整个过程中，现场交底是签订装修合同后的第一步，同时也是以后所有步骤中最为关键的一步。施工交底不仅仅涉及客户和施工负责人，还需要设计师和工程监理的参与才能保证交底的合理与有效。交底工作大致需要做以下几个方面的工作：

1. 对房屋的基本情况进行检查

对房屋的基本情况进行检查需要共同对居室进行检测。对墙、地、顶的平整度及给排水管道、电煤气等通畅情况进行检查，例如使用响鼓锤检查原建筑地面墙面有没有空鼓，响鼓锤是用来检查水泥基层及铺贴的瓷砖是否有空鼓的一个工具，使用检测尺检查墙、地、顶的平整度。卫生间下水是否堵塞、网线或 TV 接孔是否完整、入户门是否完好等，检查完毕需要甲乙双方签字确认。

2. 设计师和施工人员沟通

在现场，设计师应详细向施工负责人讲解图纸内容以及一些特殊施工工艺要求，例如：

木工的电视墙造型施工，瓦工的地砖拼花处理，电工线路应注意的位置，开关插座数量，是否修改水电路等，施工负责人应该详细在施工图纸或者修改部位上标注。

3. 办理相关施工手续

确认交底内容后，办理好相关手续、协调好与物业的关系也是装修顺利进行的必要条件。根据物业的规定，装修前通常需要办理相关手续，必须由业主随同设计师或者项目经理到物业处交装修申请，办理施工手续。有时有些不良的物业会在装修期间多次刁难索取费用，所以协调好与物业的关系也是施工顺利进行的一个关键。通常施工的相关手续如下：

（1）在小区物业出具的装修协议上签字。

（2）提供装修的图纸。主要是水电路改造和拆改的非承重墙体项目。

（3）办理"开工证"，施工时用来贴在门上，便于物业检查的工期证明。

（4）出入证，主要是为工人办理的，以免装修期间有不法人员混入小区。

此外，还需要注意协调好邻居关系。装修的周期长达两个月，对于邻居的干扰是肯定存在的。尤其是那些楼里较晚装修的房子更需要注意这点，在开工前和邻居打好招呼，让他们事先有个准备是很有必要的。同时在工期上也要进行调整，尽量避开节假日和休息时间进行拆墙、锯板等噪声较大的工程。

交底后要和装修公司一起去物业办理开工手续，最好带着设计师和项目经理一同去。物业一般会要求你写出家里需要做什么样的装修项目，建议大家不要把这件事情当成走过场，要实实在在地写，而且对于像水电改造、暖气改造、拆墙等项目，更要跟物业人员深入沟通，以免出现问题无法补救。

（五）装修材料的购买

在正式开工前，肯定必须备下装修材料。不少业主采用自购主材的方式，这种情况负责装修的工长有必要给业主出示一张购买材料的清单，并且注明需要运到现场的时间。

1. 装饰材料卖场的分类

装饰施工经常出现跨区其至跨市的情况，所以了解施工现场周边的装饰材料市场是一个必不可少的环节。通常可以把周边的材料市场大致分为三类：一是大型的建材市场，例如西安南大明宫、太华路大明宫等；二是中小建材超市，建材市场是由一个个私人小店组合而成，设有系统的管理；三是路边小店，这些小店一般在小区附近开设，规模不大。

（1）大型建材市场。这种建材市场，有着规模巨大，种类繁多，品种集中等特点，和我们日常的百货超市有一定相似之处。大型建材市场相对而言材料最为齐全且质量和售后服务都有不错的保证。在大型建材购买材料基本可以杜绝买到假货的可能，但大型建材市场的种类多，好坏不容易辨别。

（2）中小型建材市场。建材市场里的货品也是非常齐全的，一般都是由一个个的专营某类材料的个体店铺组合而成。在这里购买材料价格没有大型建材市场便宜，而且在价格上浮动的空间比较大，可以随意砍价。建材市场由于是个体经营，在材料上也可能出现一些假冒伪劣的情况，这点需要业主特别注意。

（3）路边小店。路边小店的材料不会很齐全，一般都是施工过程中临时缺辅料的补充。

2. 装饰材料采购要点

大多数材料最好选择在大型建材市场或者中小型市场一次性集中采购。一般而言大型建材市场或建材市场距离工地肯定有一段较远的距离，所以在这些地方购买材料需要事先计划好，集中采购，这样可以节省时间而且由于集中采购数量大，比较容易获得优惠。

在建材市场购买尽量选择其进行优惠促销的时候。一般而言建材市场在"五一""十一"等节假日都会大幅度打折进行促销，这时候购买无疑是最划算的。没有碰上这些优惠也不是没有办法，有些人会在互联网上看好需要购买材料的品牌、类型和价格，然后再到建材市场购买，这也是个不错的办法。施工过程中如果需要补充材料，例如钉子、螺丝、胶水等，这时候就可以选择在路边小店购买，这样可以节省在路上奔波的时间。

3. 装饰材料入场时间及顺序

装饰材料的定购与施工关系紧密，有时因订购材料过迟或送货时间不当，往往会出现材料供应不及时或材料来了可暂时用不了以致无处存放。装修材料最好是根据施工进度提前订购，因为很多的材料并不是现买现有的。提前订购可以避免因为材料不到位耽误工期的情况。有些装修队伍是第二天需要用到哪种建材，只会提前一天告诉业主，这时候怎么想办法购买都来不及了。尤其是对那些采用只进行施工的承包方式，需要购买的材料非常多，所以在装修前最好就确定需要购买的材料数量和入场时间顺序表以免到时候因为材料不到位影响施工的进度。

4. 装修的基本流程

开工前材料进场，主体拆改—定做物品的设计和测量—水电改造—各种隐蔽工程—木工制作闭水实验—铺瓷砖—墙面乳胶漆—油饰工程—厨卫吊顶—木门、橱柜等安装木地板工程—壁纸工程各种安装—保洁—家具、电器、配饰入场

材料入场时间顺序安排如下：

（1）开工前

①防盗门。最好一开工就安装防盗门，防盗门的定做周期为一周左右。

②水泥、沙子、腻子等辅料。一开工就要能拉到工地，不需要提前预订。

③白乳胶、原子灰、砂纸等辅料。一开工就要能拉到工地，不需要提前预订。

④橱柜、厨房电器。墙体改造完毕就需要橱柜商家上门测量，确定整体橱柜设计方案，其方案会影响到水电改造工程。方便的话可以在施工交底前就确定橱柜设计，以便施工队、设计师与各方协调水电走向等。

目前，很多厨房采用的是整体橱柜设计，各种厨房电器会与橱柜整合在一起，厨房的主要电器，如油烟机、燃气灶、消毒柜等，建议定制橱柜前下订单，先确定电器的型号、颜色、尺寸，将尺寸交给橱柜公司用于橱柜设计，并安排时间进行安装同时送货。

⑤散热器和地暖系统。墙体改造完毕后就需要商家上门改造供暖系统，散热器与水管同时订购，以便水工确认接口的型号尺寸，贴好瓷砖后再安装。安装地暖的用户，在水电改造完毕后，即可进行地暖的施工，要注意保留地暖管在地下的走向位图。

⑥水槽、面盆。橱柜设计前需要确定水槽、面盆的规格、尺寸，水槽、面盆会影响到橱柜设计方案和水改方案。

⑦烟机、灶具、小厨宝。橱柜设计前需要确定其型号和安装位置，因为其会影响到电改方案和橱柜设计方案。

⑧室内门。墙体改造完毕需要商家上门测量，有了精确门尺寸，即可订购成品门。现场制作的门则不需要。

⑨塑钢门窗等。同成品门一样，墙体改造完毕后需要商家上门测量定做。

（2）水电改造前

①水路、电路改造管材等相关材料。墙体改造完毕后水电工入场进行水电改造，在水电改造施工之前要确定PPR水管等水电相关材料已入场。可在预定水电施工8期前几天订购。

②热水器。热水器有燃气热水器和电热水器两大类，其型号和安装位置会影响到水电改造方案，需要在水电改造前确定。太阳能热水器需在开工初期在水管铺设之前订购，以便厂商安排上门勘测以配合水管铺设。由于涉及水管和电线排布，所以在水电施工时期安装比较好。

③浴缸、淋浴房。

其型号和安装位置会影响到水电改造方案，需水电施工前确定产品规格和型号，安装则在瓷砖、挡水施工完毕后进行。

④排风扇、浴霸。

其型号和安装位置会影响到电改造方案。在水电安装之前购买，以便电工预留电线，确定线路走向，安装时安排与开关、灯具一起安装即可。

（3）水电改造后

①防水材料。水电改造完毕即进行防水工程，防水涂料不需要预订，施工前两天购买即可。

②瓷砖、勾缝剂。水电改造完毕即铺瓷砖，瓷砖有时还需要裁切，最好提前一周左右预订。

③石材。窗台、地面、门槛石、踢脚线等可能用到石材，需要提前三到四天确定尺寸预订。

④地漏。不需要预定，铺设瓷砖时同时安装。

（4）木工进场前

①龙骨、石膏板、铝扣板。铝扣板需要在施工前提前三四天确定尺寸预订。其余不必预订，一般在水电管线铺设完毕购买即可。

②大芯板、夹板、饰面板等板材。木工进场前购买，不需要预定。

③电视背景材料。有些背景材料如玻璃等材料需要提前一周预定。

④门锁、门吸、合页等五金。不需要预定，房门安装到位后可打响门锁。建议和成品同时订购。

⑤玻璃胶、胶枪。不需要预定，木工进场前几天购买即可。

（5）较脏工程完成后

①木地板。水电、墙面施工结束后，可以开始木地板的安装。提前一周订货，如果商家负责安装需要提前两三天预约安装地板。

②乳胶漆、油漆。乳胶漆不需要预定，油漆工墙面处理（批腻子）开始后可以订购乳胶漆和油漆。

③壁纸、壁布。地板安装完毕后可以贴壁纸，进口壁纸需要 20 天左右的订货周期，如果商家负责铺装，铺装前两三天预定。

（6）全面安装前

①灯具。非定制灯具均不需要预定。

②水龙头、厨卫五金。一般不需要定做，但挂墙龙头需要提前定做，与水管工程同步。其余龙头可以在装修工程后期购买，与洁具安装同步。

③镜子。如果定做，需要四五天的制作周期。镜子一般是在保洁前最后安装。需要注意的是镜灯的电位需在水电施工前预留（镜灯有些设计是需靠镜子遮挡）。

④马桶等洁具。不需要预定洁具，安装可以稍微晚点进行，避免损坏。

⑤开关、插座面板。不需要预定开关。开关数量不需过早确定，容易产生较大误差。一般建议墙面油漆结束后，电工准备安装开关和灯具前提前几天订购即可。

（7）装修施工结束后

家具沙发、床垫、床上用品、窗帘、饰品等软装品。

（三）前期材料用量预算

一般而言，装修费用主要由装修公司收取，包括材料费、人工费、设计费、管理费、利润和业主自购材料、家具、家电和饰品费用两大部分构成。

1. 装修预算的构成

（1）材料费、人工费

材料费、人工费是装修公司收费的大头，占装修公司总收费的 60%—80%。目前装饰行业的人工费越来越高，人工费往往成了收费的大头，在这些中低档装修中尤为常见。

（2）设计费

很多家装公司都号称提供免费设计，这其实是个很不好的行业现象。当设计师的设计变成免费的时候，那设计师也自然会更多地依靠回扣等非正常手段来获取自己的利益。这其实也可接损害了业主的利益，天下毕竟没有免费的午餐。此外，虽然装饰公司会给设计师底薪和提成，但是免费的口号还是会伤害到设计本身。因为免费，很多设计师也只是在网上下载图或者只是简单拼凑了事。设计师本质成了一个业务员，功夫更多体现在嘴皮子上。设计师对设计原创和材料、施工工艺的掌握不够也就成了行业的通病。这种情况只用待在装饰行业继续发展完善时解决。

（3）管理费

管理费一般情况都是按工程直接费用的比例收取，通常比例是 3%—5%。从工地管理的角度来说，不同的管理者成本是不同的，一个工地的管理由一名专业工程师负责和由一名民工包工头承担，管理费用也是不同的。实际上好的工地管理虽然管理费比较高，但是在施工过程中保证了质量，节约了材料，总体来讲可以为消费者节约成本。此外，还有材料报送费和垃圾清运费，占工程直接费的 3%—4%。

（4）装修公司利润

各个公司利润都不一样，但通常情况下大型品牌装饰公司毛利可以达到 30%—40%，甚至还能更高。但装饰公司除去给设计师提成和项目经理的分成，真正能够到手的大概只有 20% 左右，这个还要根据各个公司的管理水平而定。相对而言，中小型装饰公司总利润在 20%—30%，装修队则更少。这里要给业主一个忠告，一般的压价可以，但起码要给公司留下 20% 左右的利润，如果价格压得过低而导致装饰公司无利可图，那很可能将导致公司采用非正常手段获利，例如装修中途加钱，材料上选购便宜的产品甚至偷工减料等手段。那样业主将防不胜防，得不偿失。就目前来看，性价比最高的装修方式非线上品牌套餐装修模式莫属，材料大多选用家直供品牌，服务体系也更为完善，装修质量依赖线上评价体系也能有一定保障。目前国内较为知名的线上品牌有东家西舍、家装 e 站、致和等。

（5）业主自购家具、家电和饰品

这块也是装修费用中的大头，具体需要花多少钱需要业主在装修前根据自己的情况确定。

（二）预算常见问题

1. 材料品名、规格不详

在预算上需要对材料的品牌与型号有明确说明，这样可以有效避免在材料的使用上发生争执。很多业选择主材自购的方式，不良装饰公司就在辅料上下功夫，或者辅材价格虚高或者辅材为劣质货。辅料在施工完成后往往是看不到的，但是辅料对于装修与主材是同等重要的。换个角度思考，如果水电管材等辅料出现问题，材料买得再好又有什么用呢？

2. 漏报项目

漏报项目有时候确实是因为工作人员疏忽造成的。但是部分不良装饰公司也存在故意少报工程项目，先以总价低诱使业主签订合同，待施工进行到该项目时，以前期出报价单时疏忽漏报为由，要求道加工程款。一般漏报会选择一些不起眼的工程项目，如踢脚线、门槛石、防水等。再以报价单中"最终结算以实际程量为准"的规定，理直气壮地要求增加费用。

3. 损耗打高

材料的损耗是客观存在的，要弄清哪些地方有损耗，哪些地方不应该有，哪些地方弄虚作假了。而且损耗也是有一定比值的，如果超过这个数字，就要怀疑其中有水分了。

4. 拆项重复收费

拆项是将个项目分成几个报价。如假定市场上铺地砖价格为 45 元 /m²，大家都很关注铺砖价格，如果直接报 45 元 /m² 那就没有吸引力了。而铺砖本身是含地面找平的。这时就将铺砖价格定为 35 元 /m²，再单列一个找平项 20 元 /m² 表面看铺砖很便宜，但是加上找平项实际却更贵了。这种预算报法实际就是利用业主不懂施工工艺恶意为之。

5. 无中生有

无中生有指的是明明没有的施工项目或收费项目却出现在报价单里。[①] 例如：木地板、铝扣板、门窗等项目基本上都是由材料商来负责安装的。安装费已经含在材料费里，但是在报价单里赫然出现了这些项目的安装费，这多出来的安装费就是无中生有的。

6. 数量虚增

业主喜欢在装修前对价格进行逐项讲价，但是却很容易忽略施工量的审核。装饰预算或者装修合同上通常都会有"最终结算以实际工程量为准"的字样，所以最终的结算很可能是和业主之前拿到的预算不符。正确的做法是在施工结束后，甲方乙方一起做一次施工项目工程量的统计。

在数量上也有少报工程量以总价诱惑甲方的情况，这个通常是发生在签单之前。例如，铺木地板、扇灰、做柜子等，涉及面积的，就会把数量报得比较少，到结算时就远远不止这个数。

7. 工艺做法不明确

预算上不仅应有项目名称、材料品种、价格和数量，还应该有关键的工艺做法。预算书中必须加入工艺做法，成对预算中每个项目的工艺做法做详细说明。因为具体施工工艺和工序，直接关系到装修的施工质量和造价。没有工艺做法的预算书，有很多不确定因素，会给今后的施工和验收带来很多后患，更会给少数不正规的装饰公司偷工减料、粗制滥造开了"方便之门"。例如，家装毛坯房的乳胶漆施工正规做法是三遍扇灰再加上一底两面刷乳胶漆。如果只有两遍扇灰、一底面刷乳胶漆价格肯定就不能一样。这时在预算表中的乳胶漆项内必须注明三遍扇灰、一底两面刷乳胶漆的工艺说明。

（三）装饰预算控制要点

1. 审核设计图纸

一套完整、详细、准确的设计图纸是预算报价的基础，因为报价都是依据图纸中具体的尺寸、材料及工艺等情况而制定的，如果图纸不准确，预算也不准确。另外，一些未在图纸上出现的工程，如线路改造，灯具、洁具的拆安也应在预算表上体现。

2. 价格的比较方法

有很多消费者在选择装修公司时，只比较预算书上的价格。哪家的报价最低，就让哪家来做。多年来，"马路"装修队给装修业主带来的烦恼不少，很多"马路"装修队利用业主不是专业人士，不懂装修，更不懂价格的情况，打着"低价"的幌子接单，然后在装修过程中多收费，乱收费。其实预算书上的价格是和材料选择、工艺工序是分不开的。单纯比较价格、选择最低的装修公司，往往会得不偿失。在核查预算的报价时，一定要把材料的品牌、型号，以及施工工艺都要考虑在内，才能得出一个较为客观的评价。

此外，网上购物因为性价比高，所以目前国内电商发展空前繁盛，网上购物成为中国

---

① 竺暾. 装修公司预算藏"猫腻"：目前市面上最常见的 6 类预算问题 [J]. 东南置业，2005（94）.

民众购物的一种常见模式。近几年，国内传统建材厂家和品牌也纷纷涉足电商行业，但是这些传统建材厂家或品牌，对于新兴的网上销售并不是那么擅长，结果在网上建材产品购物上，出现了大量假冒伪劣的产品。厂家直销在价格、质量、服务均占优的情况下，卖不赢那些纯粹拿货实的纯电商。再加上网上虚假宣传泛滥，所以，业主以及设计师在网络购物时，必须特别注意，不要被那些不实宣传和虚假交易误导，要选择国内真正知名品牌和厂家的产品，品质才有保障。

3. 量入而出

很多时候装修会出现大大超出预算的情况，这大多是没有按照事先的预算采购造成的。例如在采购中本来预算买个普通浴缸，但看到此品牌按摩浴缸有特价，忍不住手痒。多几次这样的情况，支出自然会大大超过预算。

4. 确保预算中没有重大的漏项

做到这点除了事先详细列单计算外，还必须对大多数要采购的材料大体价格进行一个摸底。很多的小物品虽然不起眼，但其实价格不菲，比如水龙头，看起来不起眼，但买个好点的起码也要好几百。做好这点除了需要列好清单，还需要事先到建材市场大致摸摸价格。

5. 轻易不要在装修中途更换设计

不少业主在装修中途对当前的设计不满意，临时决定更改。这样一来，不仅不少工程需要拆掉重做，而且更改的费用绝对不是小数目。装修其实是个遗憾的艺术，永远不可能做到十全十美，换了一个设计后说不定又后悔，还是觉得当初那个好，所以在设计确定前要多推敲，一旦确定，轻易不要再更改。

7. 付款方式

各地各个公司可能付款方式都不一样，但通常都是四个付款期，即开工预付款、中期进度款、后期进度款以及工程尾款。不管怎么定，有几个要点是必须注意的，一是付款方式必须在合同中体现，这样才能保障双方的利益；二是进度款肯定是在工程验收合格后再支付。

（四）装饰材料用量计算

正常情况下，装修面积与房子的实际面积不可能一样，即使按照房地产商提供的户型图也会有诸多误差。所以，在装修之前有必要对房子的装修面积进行测量，也就是装修中常说的量房。量房通常是预算的第一步，只有经过精确的量房才能进行比较准确的报价，设计师也需要在量房时感受下将要施工的现场，这对于设计也是很有帮助的。

量房时需要测量的内容大致分为墙面、天棚、地面、门窗等几个部分。

1. 乳胶体、墙砖、壁纸等墙面材料用量计算

墙面装修面积根据材料的不同在计算方法上也会有所不同：乳胶漆、壁纸、软包，装饰玻璃是以长度乘以高度的面积计算，单位是"平方米"。长度、高度是以室内将施工的墙面净长度、净高度计算：踢脚板按室内墙体的周长计算，单位为米。

（1）乳胶漆用量计算。首先搞清楚一桶乳胶漆能刷多少面积。乳胶漆出售通常都是以桶为单位计算的，市场上常见的有 5L 装和 20L 装两种，其中又以 5L 装的最为常见。按照标准的施工程序要求，底漆的厚度为 30μm，刷一遍即可，5L 底漆的施工面积一般在 70m² 左右，面漆的厚度为 60—70μm，面漆需要刷两遍，所以 5L 面漆的施工面积一般在 35m² 左右。

其次，就是涂刷总面积的计算，有两种算法，粗略计算可以用室内面积乘 2.5 或 3，采用 2.5 还是 3，要看室内的具体情况，如果室内的门、窗户比较多，就取 2.5，少的话取 3。这个算法只是适用于一般情况，例如多面墙采用大面积落地玻璃的别墅空间就不适合。还有一种方法是实量。就是把需要墙面、天花的长度都实量出来，算出总面积，再扣掉门窗等不需要刷乳胶漆的面积。这个方法很麻烦，但是却非常准确。

例如：一个 6m，宽 4m，高 2.8m 的空间，乳胶漆用量计算如下。

墙面面积：（6m+4m）× 28m × 2=56m²

顶面面积：6m × 4m=24m²

总面积：56m²+24m²=80m²

门窗与不需要刷乳胶漆面积总量为 10m²，则需要刷乳胶漆面积为 70m²

面漆：需刷两遍，一桶可刷 35m² 两遍，则面漆共需两桶。

底漆：需刷一遍，一桶可刷 70m² 一遍，则底漆共需一桶。那么这个空间需要的乳胶漆总量为 5L 装面漆两桶，底漆一桶。

（2）瓷砖用量计算

瓷砖多是按块出售，也有按照面积以平方米出售。选购瓷砖最好购买同一色批号的整箱瓷砖。购买瓷砖前应精确计算要铺贴的面积和需要的块数，毕竟现在稍好点的瓷砖一块动辄也需要上百元，精确计算可以避免不必要浪费。现在不少瓷砖专卖店备有换算图表，购买者可根据房间的面积查出所需的瓷砖数量。有的图表甚至只要知道贴瓷砖墙面的高度和宽度即可查出瓷砖用量。同时瓷砖的外包装箱上也标明单箱瓷砖可铺贴的面积。在测算好实际用料后，还要加上一定数量的损耗。损耗需要根据室内空间转角的多少确定，通常将损耗定在总量的 5% 左右即可。

以长 4m，高 3m 的房间一面铺墙砖为例，采用 6000mm × 600mm 规格的地砖，计算方法：（房间长度 ÷ 砖长）×（房间高度 ÷ 砖宽）=用砖数量。房间长 4m ÷ 砖长 0.6m 约等于 7 块；长 7 块 × 宽 5 块 = 用砖总量 35 块；再加上通常 5% 左右的损耗约为 2 块，那么这个房间墙面铺装的数量大致为 37 块。

还可以采用常用的房间面积涂以墙砖面积的方法来算出用砖数量，但在精确度上不如上面这个方法。此外，地砖用量的算法与墙砖一样，可以参照计算。

（3）壁纸用量计算

壁纸的计算通营是以墙面面积除以单卷壁纸能够贴的面积得出具体需要的卷数。一般壁纸的规格为每卷长 10m，宽 0.53m，一卷壁纸贴满面积约为 5.3m²。但实际上墙线的损耗较多，素色或细碎化的墙纸很多，如果在墙纸的拼贴中要考虑对花，图案越大，损耗越大，因此要比实际用量多买 10% 左右。

（4）防水涂料用量计算

在室内需要做防水的地方主要有卫生间、阳台和厨房。其实楼房在建造过程中是会做一层建筑防水的。目前中国建筑工程防水的对象90%以上为混凝土建筑物。混凝土一般具有开裂性、裂缝动态性、潮湿性、渗水等特性。因此，单纯依靠混凝土结构的防水是不能杜绝渗漏的，而只能在某种程度上降低渗漏，原因是混凝土的结构缺陷难以消除。所以目前建筑渗漏已经成为当前建筑质量投诉的热点问题。很多新建房屋在1—2年之后就会出现不同程度的渗漏现象。在这种情况下，只依靠建筑防水就目前现状看恐怕并不牢靠。室内再做防水等于是做到了双保险。防水涂料用量也有一定的计算公式。

卫浴防水面积（m^2）=（卫生间地面周长—门的宽度）×1.8m（高）+（地面面积）。

当然这个是指将墙面的防水面都做成1.8m的高度，通常1.8m就够了。如果卫生间隔壁墙面是一个到顶的衣柜，那可以将防水刷到顶，这时只要把高度换一下就可以了。

厨房防水面积（m^2）=（厨房地面周长—门的宽度）×30cm（高）+（地面面积）+洗菜池那面墙的宽 ×1.5m。

购买防水涂料都是按重量计算的，一般而言，丙烯酸类，每平方米用量为3kg；聚氨酯类每平方米用量约为2kg；聚合物高分子类每平方米用量约为3kg；柔性水泥灰浆每平方米用量约为3kg。通常购买的防水涂料包装上也会标注每平方米用量。

2. 石膏板、石膏线等天花材料用量计算

天花面积计算也和材料有关系，不同材料的计算方法会有所不同。

吊顶，包括梁的装饰材料一般包括涂料、各式吊顶、装饰角线等。涂料，吊顶的面积以顶棚的净面积计算。很多装饰公司会按照造型天花的展开面积进行计算。所谓展开面积就是把造型天花像纸盒样展开后计算，例如跌级和圆造型按周长 × 高度+平面天花面积，这样算出的面积会比较多一些，根据造型的复杂程度，一般多出10%—40%。

天花装饰角线的计算是按室内墙体的净周长，以"米"为单位计算。

3. 木地板、地砖等地面材料用量计算

地面面积的计算也同样和材料有很大关系，地面常见的装饰材料一般包括木地板、地砖（或石材）、地毯、楼梯踏步及扶手等。

地面面积按地面的净面积以"平方米"为单位计算，门槛石或者窗台石的铺贴，多数是按照实销面积以"平方米"为单位计算，但也有以米或项计算的情况。具体参照其瓷砖算法。楼梯踏步的面积按实际展开面积以平方米为单位计算；楼梯扶手和栏杆的长度按其全部水平投影长度（不包括墙内部分）乘以系数1.15以"延长米"计算；其他栏杆及扶手长度直接按"延长米"计算。

本地板用量计算方法：地面木地板的用量和瓷砖用量计算基本一致，总之，工程量的结算最终还是要以实量尺寸为准，按照图纸计算还是难免会有所偏差。面积的计算直接关系到预算成本，是甲乙双方都非常重视的一点，必须尽量做到精确。

参考文献

[1] 陈雪杰 . 室内装饰材料与装修施工实例教程 [M]. 北京：人民邮电出版社，2013.

[2] 汤留泉 . 家装材料选购应用全能图典 [M]. 北京：中国电力出版社，2014.

[3] 陈雪杰 . 室内装饰材料与装修施工实例教程 [M]. 北京：人民邮电出版社，2013.

[4] 郑曙旸 . 室内设计思维与方法 [M]. 广州：新世纪出版社，1996.

[5] 潘微 . 现代住宅空间设计 [M]. 上海：上海辞书出版社，2005.

[6] 李斌 . 室内设计教程 [M]. 石家庄：河北美术出版社，2018.

[7] 严肃 . 室内设计理论与方法 [M]. 长春：东北师范大学出版社，2011.

[8] 崔冬晖 . 室内设计概论 [M]. 北京：北京大学出版社，2007.

[9] 王勇 . 家装材料完全使用手册 [M]. 北京：机械工业出版社，2009.

[10] 郝大鹏 . 室内设计方法原理 [M]. 重庆：西南师范大学出版社，2000.

[11] 汤重熹 . 室内设计 [M]. 北京：高等教育出版社，2008.

[12] 尹定邦 . 设计学概论 [M]. 长沙：湖南科技出版社，2000.